생 쌀로 만드는 디저트

생 쌀로 만드는 디저트

밀가루나 쌀가루는 쓰지 않는다!

집에서 쉽게 만드는 건강하고 달콤한 비건 간식~

리토 시오리 지음 | 백현숙 옮김

pan'n'pen

prologue

이 책에서 소개하는 쌀 디저트는 무엇일까요?

**불린 쌀을 믹서기로 갈아서 만드는
달콤한 것들을 말합니다.**

그렇다면 쌀을 직접 불리고 갈아서 만드는 것들은 시판 쌀가루 또는 밀가루로 만드는 달콤한 것들과는 무엇이 다를까요?

산화되지 않은 신선한 쌀을 재료로 사용한다는 점입니다.

'생 쌀을 불리고 갈아서 만드는' 방법을 고집하는 이유는 바로 신선함 때문입니다.

가공하는 과정을 줄일수록 신선한 향이 남아있고 맛도 더 좋아집니다. 당연히 있는 그대로의 쌀로 만든 달콤한 과자와 디저트라면 틀림없이 아주 맛있겠다는 생각이 들었습니다.

이 책에서 소개하고 있는 '쌀 디저트'는 특별한 차이점을 가지고 있습니다.

달걀, 유제품, 설탕이 들어가지 않는 비건 레시피라는 점입니다.

식물성 재료만을 사용하니 쌀이 가진 섬세함과 부드러운 단맛을 더 잘 끌어낼 수 있었습니다.

저는 지금까지 '생 쌀로 만드는 빵'과 관련된 책을 두 권 출간했습니다. 쌀로 만드는 디저트만 모은 책은 이번이 처음입니다! 이 책을 통해 백미, 현미, 찹쌀로 만드는 '쌀 디저트' 레시피 50가지를 소개합니다. 또한 쌀을 넣지 않고 만드는 달콤한 비건 디저트 9가지도 함께 알려드릴께요.

지금까지는 없던, 전혀 새로운 방법으로 만드는 달콤한 요리 레시피였기에 연구에 연구를 거듭해야만 했습니다. 무엇보다 집중하여 끝까지 파고들었던 부분은 바로 '식감'입니다. 밀가루로 만든 과자와는 물론이며 쌀가루로 만든 과자와도 다른, 새로운 식감과 부드러운 맛이 나는 '생 쌀로 만드는 디저트'를 소개합니다.

몸과 마음이 지쳐 있을 때, 자극적인 것을 먹을 수 없을 때 함께 할 수 있는 '달콤한 음식'입니다. 이로써 독자 여러분의 일상에 작은 보탬이 될 수 있다면 행복하겠습니다.

Contents

Chapter 1

기본 쌀 머핀 활용

Chapter 2

쌀 케이크

이 책을 사용하는 법

- 1큰술은 15ml, 1작은술은 5ml입니다.
- 쌀을 불린 후의 무게는 불리기 전 무게의 약 1.3배로 계산
  하였습니다. 쌀에 따라 조금씩 차이가 있을 수 있으므로 대
  략적인 평균치라고 생각하면 됩니다.

Chapter 3

쌀 구움과자

Chapter 4

쌀 화과자

Chapter 5

차가운 쌀 디저트

Chapter 6

심플 비건 스위츠

신선한 쌀로 다양한 과자를 만들 수 있어요!

집에 두고 늘 먹는, 좋아하는 품종의 쌀을 믹서기에 넣고 다른 재료와 함께 분쇄하여 양과자도 만들고 화과자도 만듭니다. 미리 제분하여 판매하는 밀가루나 쌀가루와는 달리 산화하지 않은 신선한 쌀로 만들 수 있다는 것이 큰 장점입니다! 신선한 쌀로 만드는 달콤한 것들은 맛있기도 하고 몸에 좋은 점도 특징이지요.

자신이 좋아하는 쌀로 만들 수 있어요!

여러분 중에는 쌀의 품종뿐만 아니라 무농약이나 저농약, 자연농법 등의 방법으로 재배 및 생산되는 쌀을 찾아서 먹는 분들도 많을 것입니다. 이 책은 자신이 믿고 골라서 즐겨 먹는 쌀로 과자와 디저트를 손수 만들 수 있다는 점이 근사합니다.

생 쌀 디저트가 가진

생 쌀 디저트의 맛을 꼭 만나보길 바랍니다. 맛보지 않고서는 도저히 전할 수 없는 식감과 풍미가 그 속에 있답니다. 무엇보다 어디에서도 볼 수 없던 방법으로 만들어 더욱 근사한 '최초의 디저트'입니다.

환경과 건강에 이로운 자연친화 음식!

이 책에 등장하는 '쌀 디저트'는 달걀, 유제품, 설탕을 일체 넣지 않은 비건 레시피입니다. 환경은 물론 우리 몸에 모두 부담을 적게 주는 식물성 음식입니다.

손재주나 번거로움 없이 간단히 완성!

일반적인 과자와 디저트 만들기는 생크림의 거품을 올리거나 재료를 섞을 때 일정한 기술이 필요합니다. 능숙하게 조리하지 않으면 깔끔하게 완성하지 못해 실패를 경험할 수 있습니다. 그러나 식물성 재료로 만드는 '쌀 디저트'는 어려운 기술이 필요 없습니다.

유일한 요령이라면 '재료를 완전하게 잘 갈고 섞는 것'인데 믹서기를 믿고 맡기면 됩니다! 따라서 과자 만들기에 처음 도전하는 초보자도 안심하세요. 간단하게 완성할 수 있으니까요!

근사한 배력

폭신폭신 쫄깃쫄깃 처음 느껴보는 식감!

백미 반죽으로 만드는 구움과자나 디저트는 폭신폭신하면서도 쫄깃쫄깃하여 좋은 식감만 모아 놓은 것 같습니다. 반죽을 쪄서 익히면 촉촉하고 쫄깃한데 폭신하기까지 하여 기분 좋은 느낌을 한 입에 넣고 즐길 수 있습니다. 현미 반죽으로 구운 디저트는 백미로 만든 것보다 씹는 맛이 좋고 입안에서 살살 녹는 느낌이 더해집니다. 찹쌀 반죽으로 만든 화과자는 오동통하여 쫄깃한 식감과 신선한 맛이 압권입니다.

모든 레시피는 글루텐 프리!

체질개선과 건강 또는 체중관리를 위해서 글루텐이 들어있는 밀가루로 만든 빵과 과자를 멀리 하려는 분들이 늘어나고 있습니다. 하지만 몸과 마음을 달래주는 달콤한 과자를 아예 먹지 않고 참는 것은 어렵기도 하고 오히려 스트레스가 될 수도 있습니다.

'생 쌀 디저트'는 맛좋은 글루텐 프리 음식이므로 더이상 과자를 포기할 필요가 없습니다! 스트레스 없는 글루텐 프리 라이프를 즐겁게 영위할 수 있습니다.

이 책에서 사용하는

생 쌀 디저트의 좋은 점은 주변에 있는 친근한 도구 몇 가지로 바로 만들 수 있다는 것입니다.
심지어 특별한 과자 틀조차도 필요하지 않습니다.

믹서기

생 쌀 디저트를 만들 때 꼭 필요한 도구입니다. 불린 쌀을 다른 재료와 함께 분쇄하여 걸쭉한 반죽을 만들기 위해 사용합니다. 저는 'Vitamix E310', 'Vitamix TNC5200'이라는 고출력 믹서기를 사용하고 있습니다. 물론 일반적인 믹서기로도 생 쌀 디저트를 만들 수 있습니다.

생 쌀 디저트를 만들 때에는 믹서 용기의 지름이 넓은 것보다는 되도록 세로로 길고 좁은 믹서기를 선택하는 것이 좋습니다. 사진은 믹서 용기를 소형(0.9L wet container)으로 바꾼 것으로, 적은 양의 반죽도 쉽게 만들 수 있도록 제작한 것입니다.

기본 도구

이 책에서는 전기오븐을 사용하였습니다. 가스오븐으로도 만들 수 있지만 내부 온도가 전기오븐보다 높아지기 때문에 온도 조절이 필요합니다. 우선, 반드시 예열하여 내부 온도를 이 책에 나와있는 레시피 대로 맞춘 다음, 시간을 설정하고 조리를 시작하면 됩니다. 제품을 70% 정도 구운 시점에 노릇하게 색이 나면 온도를 조금 낮추세요. 굽는 시간은 바꾸지 않고 오븐의 특징을 파악하여 온도를 조절하는 것이 포인트 입니다.

오븐

취향껏 고른 빵틀

머핀틀

이 책에서 가장 자주 등장하는 틀로 지름 5.5cm, 높이 3.3cm의 크기를 사용합니다. 되도록 열전도가 잘 되는 것으로 고르면 좋습니다. 틀에 따라 완성품의 부푸는 정도가 달라집니다. 이 책에서는 철로 된 것을 사용하고 있으나 알루미늄 재질도 좋습니다.

책 속 레시피는 베이킹 파우더를 사용하는데 빵을 구울 때보다는 영향을 덜 받는 편이지만, 스테인리스 틀은 그다지 추천하지 않습니다. 또한, 생 쌀 디저트의 반죽은 틀에 들러붙기 쉬우므로 머핀틀에 실리콘 가공을 한 유산지 컵을 깔고 반죽을 흘려 넣어 굽는 것도 잊어서는 안 됩니다.

그대로 오븐에 넣어 구울 수도 있고, 냉장실에 넣어 차게 식힌 다음 바로 서빙 가능한 식기입니다. 용기 그대로 식탁에 올릴 수 있어 무척 편리합니다.
이 책에서는 가로 20.8cm, 세로 14.5cm, 높이 4.4cm 제품을 사용합니다.

법랑 트레이

이 책에서 사용하는

백미

기본적으로 집에 있는 쌀을 사용하면 됩니다. 밥을 지었을 때 끈기가 강해지는 '고시히카리'처럼 아밀로펙틴의 함유량이 높은(=아밀로스 함유량이 낮은) 쌀은 쫄깃한 빵 반죽이 되며, 아밀로펙틴의 함유량이 낮은(=아밀로스 함유량이 높은) '사사니시키' 같은 끈기가 적은 쌀은 폭신한 빵 반죽이 됩니다.

현미

찹쌀

현미로 만들 수 있는 레시피도 있습니다. 단, 주의할 점은 현미는 최소한 하룻밤 정도 불려야 한다는 것입니다. 섬유질이 풍부한 현미는 백미보다 쫄깃함은 덜하지만 씹는 느낌이 좋은 반죽이 됩니다. 믹서기에서 분쇄할 때에도 백미보다 오래, 시간을 충분히 들여야 합니다.

찹쌀은 불리는 시간, 분쇄하는 시간이 모두 백미와 같습니다. 그러나 화과자 외에는 그다지 적합한 재료가 아닙니다. 이 책에서는 화과자를 만들 때에만 사용하였습니다.

기본 재료

기름

유채유를 기본으로 사용합니다. 제가 깐깐하게 살피는 것은 기름의 '질'이므로 항상 압착방식으로 추출한 것을 고릅니다. 기름의 향은 개성이 강하여 음식의 맛에 큰 영향을 미칩니다. '태백참기름(볶지 않고 짠 기름으로 무미, 무색, 무취)'이나 '올리브 오일' 같은 식물성 기름을 취향에 맞춰 사용하면 됩니다. 케이크를 만들 때에는 재료에 맞게 '코코넛 오일'을 사용하기도 합니다.

베이킹 파우더

알루미늄 프리 제품을 사용합니다. 되도록 개봉하고 얼마 시간이 지나지 않은 신선한 것을 사용하길 권합니다. 오래된 제품을 사용하면 잘 부풀지 않는 경우가 있습니다.

견과류

당이 첨가되지 않은 것, 굽지 않은 것을 사용합니다. 제과용으로 판매하는 생(生) 견과류를 추천합니다.

메이플 시럽

되도록 정제도가 낮은 감미료를 사용하고 싶기에 '메이플 시럽'을 선택하였습니다. 물론 감칠맛과 향이 좋은 것도 매력입니다. 저는 '골든'과 '다크'를 구분해서 사용합니다. 옅은 색으로 완성하고 싶은 과자나 푸딩 등에는 '골든 메이플 시럽'을, 초콜릿 계열의 비교적 짙은 색이 나는 제품에는 '다크 메이플 시럽'을 사용합니다.

두유

무조정 두유를 사용합니다. 저는 구하기 쉬워서 두유를 사용하지만 아몬드 밀크나 오트 밀크 등 취향과 체질에 맞는 다른 식물성 유제품을 사용해도 괜찮습니다.

소금

정제하지 않은, 맛이 부드러운 소금이 적합합니다. 이 책에서는 '게랑드'를 사용하였습니다만 취향에 맞는 소금을 골라서 사용하면 됩니다.

생 아몬드와 아몬드 파우더

쌀 케이크와 쌀 구움과자에 자주 사용합니다. 신선한 상태로 사용하고 싶으므로 그때그때 믹서기로 아몬드를 분쇄하여 가루 상태로 만들어 씁니다. 집에 남아있는 시판 아몬드 파우더가 있다면 사용해도 괜찮습니다.

Chapter 1

기본 쌀 머핀

모든 생 쌀 디저트의 기본이 되는 '쌀 머핀'을 먼저 만들어보세요.
사진과 설명에 따라 재료를 믹서기에 넣은 후 쌀 알갱이가 남지 않고,
걸쭉해질 때까지 충분히 분쇄하는 것이 가장 중요한 포인트 입니다.

만들기

1

2

재료 머핀 6개 분량
틀 지름 5.5 x 높이 3.3cm

A ⌜ 쌀(불린 것) 120g
  │   (불리기전 92g)
  │ 두유(무조정) 60g
  │ 메이플 시럽 40g
  └ 소금 2g

기름 40g
베이킹 파우더 6g

준비

- 쌀을 씻어 그릇에 담고 물 1컵(분량 외)을 넣고 2~3시간 동안 불린 다음 체에 밭쳐 물기를 잘 뺀다.
- 오븐을 200℃로 예열한다.
- 머핀틀에 유산지 컵을 깐다.

믹서용기에 A재료를 모두 넣고 간다.

3

가는 중간중간에 여러 번
동작을 멈추고 용기 안쪽에
튀어서 붙은 반죽을
고무주걱으로 긁어내려 잘
섞는나. 매끄러운 상태가 될
때까지 여러 번 반복하여
분쇄한다.

4

반죽이 매끄러워지면 기름을
넣고 반죽에 진득하게 찰기가
생길 때까지 믹서기
중속에서부터 저속으로
조절하며 분쇄한다.

5

반죽을 볼에 옮겨 담는다. 베이킹
파우더를 넣고 재빨리 섞는다.

Point

베이킹 파우더를 넣으면 바로 반응을
일으키기 시작한다. 반죽을 섞기
시작하면서 오븐에 넣을 때까지의
과정을 빠르게 하면 할수록 봉긋하게 잘
부풀어 오른 머핀을 완성할 수 있다.

6

유산지 컵을 깐 머핀틀에 반죽을
균등하게 흘려 넣는다.

7

200℃ 오븐에서 12분 동안 굽는다.

8

반죽이 부풀어 오르고 표면에
노릇하게 색이 나면 오븐에서
꺼낸다. 틀에서 머핀을 떼어내고
한 김 식힌다.

Point

쌀 머핀은 갓 구웠을 때 가장
맛있다. 남은 빵은 마르지
않도록 비닐 봉투나
보존용기에 넣어 상온(먹기
전에 토스터기에 넣어 1~2분
데운다) 또는 냉동(먹기 전에
상온에서 해동하여
토스터기에 넣어 1~2분
데운다) 보관한다.

두 가지 맛 몽블랑

쌀 머핀 위에 고구마와 맛밤으로 각각 만든 건강한 크림을 예쁘게 짜서 올리기만 하면 끝!
순식간에 화려한 컵케이로 변신합니다!

고구마 몽블랑   맛밤 몽블랑

고구마 몽블랑

조금 더 맛있게!

책 36쪽에 있는
두부크림을 만들어 머핀
위에 먼저 바르고 각각의
크림(고구마, 맛밤)을 올리면
맛이 더욱 좋아집니다.

만들기

1 쌀 머핀을 구워 완성한다(16~19쪽).

2 고구마의 껍질을 벗겨 1cm 폭으로 썬다.

3 작은 냄비에 고구마와 물 1컵(분량 외)을 넣어
뚜껑을 덮고 중불에 올린다. 고구마가 익을 때까지
10분 정도 가열한다. 도중에 수분이 모두 날아가면
물을 조금 보충한다. 철제 트레이에 옮겨 담아
식힌다.a

a

4 믹서 용기에 고구마, 두유, 메이플 시럽, 럼, 소금을
넣고 매끄러운 상태가 될 때까지 저속에서부터
중속이 되도록 반복하여 분쇄한다.b

5 코코넛 오일을 넣고 모든 재료가 잘 어우러질
때까지 저속으로 분쇄한다.

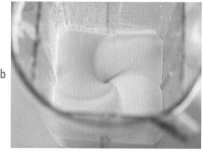

b

6 짤주머니에 몽블랑용 깍지를 끼우고 ⑤의 크림을
채워 넣는다. 머핀 위에 원하는 양만큼 짜서 올린다.
장식용 검은깨를 뿌린다.

맛밤 몽블랑

재료 밤 크림 약 280g
(몽블랑 12개 분량)

맛밤 140g
두유(무조정) 90g
메이플 시럽 25g
코코넛 오일(굳었으면 중탕으로 녹인다) 15g
럼 10g
소금 한 자밤
맛밤(장식용) 6개

만들기

1 쌀 머핀을 구워 완성한다(16~19쪽).

2 믹서 용기에 맛밤, 두유, 메이플 시럽, 럼, 소금을
   넣고 매끄러운 상태가 될 때까지 저속에서부터
   중속이 되도록 반복하여 분쇄한다.

3 코코넛 오일을 넣고 모든 재료가 잘 어우러질
   때까지 저속으로 분쇄한다.

4 짤주머니에 몽블랑용 깍지를 끼우고 ③의 크림은
   채워 넣는다. 머핀 위에 원하는 양만큼 짜서 올린다.
   장식용 맛밤을 2등분하여 크림 위에 올린다.

현미 특유의 구수함이
입안에서 부드럽게
퍼져나갑니다.
현미껍질의 섬유질
성분이 쌀 머핀보다
더 기분 좋은 식감을
선사합니다.

현미 머핀

재료 머핀 6개 분량
틀 지름 5.5 × 높이 3.3cm

A ⎡ 현미(불린 것) 120g
  │   (불리기전 92g)
  │ 두유(무조정) 55g
  │ 메이플 시럽 40g
  └ 소금 2g

기름 40g
베이킹 파우더 6g

만들기

1 오븐을 200℃로 예열하고 머핀틀에 유산지 컵을 깐다.

2 믹서 용기에 A재료를 모두 넣고 간다.

3 가는 중간중간에 여러 번 동작을 멈추고 용기 안쪽에 튀어서
   붙은 반죽을 고무주걱으로 긁어내려 잘 섞는다. 매끄러운
   상태가 될 때까지 반복하여 분쇄한다.

4 기름을 넣고 반죽에 진득하게 찰기가 생길 때까지
   중속에서부터 저속으로 분쇄한다.

5 반죽을 볼에 옮겨 담고 베이킹 파우더를 넣고 재빨리 섞는다.

6 유산지 컵을 깐 머핀틀에 반죽을 균등하게 흘려 넣는다.

7 200℃ 오븐에서 12분간 굽는다.

당근 머핀

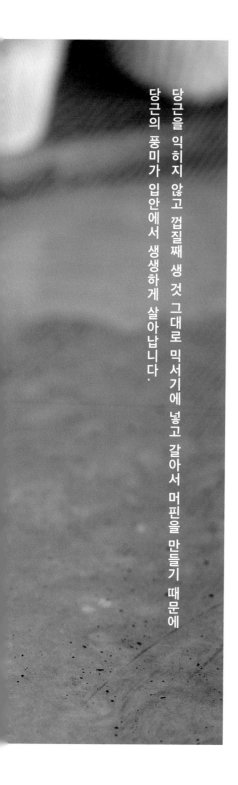

당근을 익히지 않고 껍질째 생 것 그대로 믹서기에 넣고 갈아서 머핀을 만들기 때문에

당근의 풍미가 입안에서 생생하게 살아납니다.

재료 머핀 6개 분량
틀 지름 5.5 × 높이 3.3cm

A
- 쌀(불린 것) 120g(불리기전 92g)
- 두유(무조정) 40g
- 메이플 시럽 50g
- 당근 30g
- 소금 2g

기름 40g
베이킹 파우더 6g

만들기

1 오븐을 200℃로 예열하고 머핀틀에 유산지 컵을 깐다.

2 당근을 1cm 폭으로 썬다.

3 믹서 용기에 A재료를 모두 넣고 간다.[a]

4 가는 중간중간에 여러 번 동작을 멈추고 용기 안쪽에 튀어서 붙은 반죽을 고무주걱으로 긁어내려 잘 섞는다. 매끄러운 상태가 될 때까지 반복하여 분쇄한다.

5 기름을 넣고 반죽에 진득하게 찰기가 생길 때까지 중속에서부터 저속이 되도록 분쇄한다.

6 반죽을 볼에 옮겨 담고 베이킹 파우더를 넣고 재빨리 섞는다.

7 유산지 컵을 깐 머핀틀에 반죽을 균등하게 흘려 넣는다.

8 200℃ 오븐에서 13분간 굽는다.

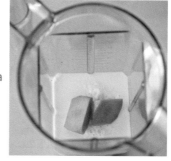

a

블랙 페퍼

플레인

허브

술지게미 머핀 (플레인·허브·블랙 페퍼)

술지게미를 반죽에 섞으면 치즈의 풍미가 느껴지는 머핀을 완성할 수 있습니다. 감미료를 넣지 않으므로
식사빵으로도 즐길 수 있는 머핀입니다. 허브는 좋아하는 종류로 바꿔 넣어보면 다양한 변화를 즐길 수 있어요.

플레인 맛

재료 머핀 6개 분량
틀 지름 5.5 × 높이 3.3cm

A
- 쌀(불린 것) 120g
  (불리기전 92g)
- 두유(무조정) 70g
- 소금 2g

술지게미 10g
기름 40g
베이킹 파우더 6g

만들기

1 오븐을 200℃로 예열하고 머핀틀에 유산지 컵을 깐다.

2 믹서 용기에 A재료를 모두 넣고 간다.

3 가는 중간중간에 여러 번 동작을 멈추고 용기 안쪽에 튀어서 붙은 반죽을 고무주걱으로 긁어내려 잘 섞는다. 매끄러운 상태가 될 때까지 반복하여 분쇄한다.

4 술지게미를 넣고 저속에서 분쇄한다.

5 기름을 넣고 반죽에 진득하게 찰기가 생길 때까지 다시 저속으로 분쇄한다.

6 반죽을 볼에 옮겨 담고 베이킹 파우더를 넣고 재빨리 섞는다.

7 유산지 컵을 깐 머핀틀에 반죽을 균등하게 흘려 넣는다.

8 200℃ 오븐에서 13분간 굽는다.

허브 맛

a

만들기

1 플레인 맛 머핀 만들기 ②과정에서 A의 재료에 길이 15cm의 좋아하는 허브 잎(사진은 로즈메리)을 더하여 분쇄한다.[a]

블랙 페퍼 맛

b

만들기

1 플레인 맛 머핀 만들기 ⑦과정에서 굽기 직전에 블랙 페퍼 적당량을 반죽 위에 뿌린다.[b]

쪄서 만드는 머핀

재료 머핀 6개 분량
푸딩 컵 지름 6.3 × 높이 3.2cm

A
- 쌀(불린 것) 120g
  (불리기전 92g)
- 쌀누룩 80g
- 소금 2g

기름 40g
베이킹 파우더 6g

만들기

1 두꺼운 프라이팬(또는 찜기)에 찜용 접시를 깔고
  물을 2~3cm 부어 끓인다.

2 푸딩컵에 유산지컵을 깐다.

3 믹서 용기에 A재료를 모두 넣고 간다.

4 가는 중간중간에 여러 번 동작을 멈추고 용기
  안쪽에 튀어서 붙은 반죽을 고무주걱으로
  긁어내려 잘 섞는다. 매끄러운 상태가 될 때까지
  반복하여 분쇄한다.

5 기름을 넣고 반죽에 진득하게 찰기가 생길
  때까지 중속에서부터 저속이 되도록 분쇄한다.

6 반죽을 볼에 옮겨 담고 베이킹 파우더를 넣고
  재빨리 섞는다.

7 유산지 컵을 깐 푸딩컵에 반죽을 균등하게 흘려
  넣는다. 김이 오른 프라이팬에 넣고 뚜껑을
  덮는다.

8 센 불에서 12분간 찐다.

프라이팬 뚜껑을 행주 등으로 감싸서 덮으면 머핀
위로 물방울이 떨어지는 것을 방지할 수 있다.

아마자케 머핀

쌀로 만든 아마자케를 더하여 쌀의 단맛이 두 배로 풍성해진, 쌀 애호가에게 바치는 머핀입니다.

똑같은 재료로 만들지만 가열방법이 다르기 때문일까요. 전혀 다른 맛의 두가지 머핀을 만들었습니다.

특히 찐 머핀은 쫄깃함이 살아 있는 식감과 부드러운 단맛이 매력적입니다.

구워 만드는 머핀

재료 머핀 6개 분량
틀 지름 5.5 × 높이 3.3cm

A ⎡ 쌀(불린 것) 120g
  │   (불리기전 92g)
  │ 쌀누룩 80g
  ⎣ 소금 2g

기름 40g
베이킹 파우더 6g

만들기

1 오븐을 200℃로 예열하고 머핀틀에 유산지 컵을 깐다.

2 믹서 용기에 A재료를 모두 넣고 간다.

3 가는 중간중간에 여러 번 동작을 멈추고 용기 안쪽에
   튀어서 붙은 반죽을 고무주걱으로 긁어내려 잘
   섞는다. 매끄러운 상태가 될 때까지 반복하여
   분쇄한다.

4 기름을 넣고 반죽에 진득하게 찰기가 생길 때까지
   중속에서부터 저속이 되도록분쇄한다.

5 반죽을 볼에 옮겨 담고 베이킹 파우더를 넣고 재빨리
   섞는다.

6 유산지 컵을 깐 머핀틀에 반죽을 균등하게 넣는다.

7 200℃ 오븐에서 13분간 굽는다.

Chapter 2

米 쌀 케 이 크

브라우니

쫄깃함이 특징인 생 쌀 디저트에 아몬드를
넣으면 사르르 녹는 양과자의 식감을 낼 수
있습니다. 기름은 카카오와 궁합이 좋은 코코넛
오일을 사용하였습니다.

재료 철제 트레이 1개 분량
트레이 20.8 × 14.5 × 4.4cm

쌀(불린 것) 90g
   (불리기 전 69g)
두유(무조정) 65g
A 메이플 시럽 100g
럼 10g
식초 5g
소금 1.5g

아몬드 45g
카카오 파우더 30g
코코넛오일(굳었으면 중탕으로 녹인다) 40g
베이킹 파우더 4g
베이킹 소다 2g

만들기

1 오븐을 200℃로 예열하고 철제 트레이 모양에
맞게 유산지를 잘라서 깐다.*

2 믹서 용기에 A재료를 모두 넣고 간다.

3 가는 중간중간에 여러 번 동작을 멈추고 용기
안쪽에 튀어서 붙은 반죽을 고무주걱으로
긁어내려 잘 섞는다. 매끄러운 상태가 될 때까지
반복하여 분쇄한다.

4 아몬드를 넣고 분쇄한 후, 카카오 파우더를 넣어
다시 모든 재료가 잘 어우러질 때까지 분쇄한다.

5 코코넛 오일을 넣고 반죽에 진득하게 찰기가 생길
때까지 저속으로 분쇄한다.

6 반죽을 볼에 옮겨 담는다. 베이킹 파우더, 베이킹
소다를 넣고 재빨리 섞어 유산지를
깐 철제 트레이에 반죽을 흘려 넣는다. a

7 200℃의 오븐에서 20분간 굽는다.

* 철제 트레이에 유산지 까는 법

1 유산지를 철제 트레이 넓이보다
조금 크게 자른다.

2 유산지를 트레이 안쪽 크기에
맞추어 접는다.

3 주머니 모양으로 되어 있는
모서리쪽을 펼쳐 구기듯이
삼각형을 만든다

4 삼각형에서 튀어나온 부분이
안쪽으로 오도록 접는다.

5 측면을 세워 철제 트레이에 넣는다.

a

레이어드 케이크

여러 케이크의 기본이 되는 쌀 스펀지 케이크입니다. 두부 크림과 좋아하는 잼을 사이 사이에 넣어 자신만의
다양한 조합을 만들어 보세요; 잼은 말린 과일로 만들기 때문에 졸일 필요 없어 아주 손쉽답니다.

재료 철제 트레이 1개 분량
트레이 20.8 × 14.5 × 4.4cm

┌ 쌀(불린 것) 150g
│   (불리기 전 115g)
A 두유(무조정) 85g
│ 메이플 시럽 50g
└ 소금 2g

아몬드 25g
기름 50g
베이킹 파우더 8g
두부 크림과 살구 생강 잼(좋아하는 잼으로
대체 가능)은 각 원하는 만큼

만들기

1 오븐을 200℃로 예열하고 철제 트레이 모양에 맞게
   유산지를 잘라서 깐다(33쪽).

2 믹서 용기에 A재료를 모두 넣고 간다.

3 가는 중간중간에 여러 번 동작을 멈추고 용기
   안쪽에 튀어서 붙은 반죽을 고무주걱으로 긁어내려
   잘 섞는다. 매끄러운 상태가 될 때까지 반복하여
   분쇄한다.

4 아몬드를 넣고 모든 재료가 잘 어우러질 때까지
   분쇄한다. 기름을 넣어 다시 저속으로 분쇄한다.

5 반죽을 볼에 옮겨 담고 베이킹 파우더를 넣고
   재빨리 섞는다.

6 철제 트레이에 반죽을 흘려 넣고 표면을 평평하게
   가다듬는다. 200℃의 오븐에서 18분간 구워
   스펀지 케이크를 완성한다.

7 완성한 스펀지 케이크를 2등분하여 잼과 두부
   크림으로 장식하여 완성한다. a-b

두부 크림

만들기

1 두부를 키친 타월로 감싸 철제 트레이에 담고 그
   위에 무거운 접시나 그릇(누름돌 용도)을 올린다.
   냉장실에 하룻밤(8~10시간!) 동안 두어 약 200g이
   될 때까지 충분히 물기를 뺀다.

2 믹서 용기에 A재료를 모두 넣고 매끄러운 상태가
   될 때까지 분쇄한다.

3 코코넛 오일을 넣고 모든 재료가 잘 어우러질
   때까지 분쇄한다.

4 보존용기에 옮겨 담아 냉장실에서 30분이상 식혀
   굳힌다.

살구 생강 잼

재료 약 220g 분량

말린 살구 120g
오렌지 80g
레몬즙 20g
생강 슬라이스 10g

만들기

1 오렌지의 겉 껍질을 벗기고 씨가 있으면 제거한
   후 4등분으로 썬다.

2 믹서 용기에 모든 재료를 넣고 분쇄한다.

3 가는 중간중간에 여러 번 동작을 멈추고 용기
   안쪽에 튀어서 붙은 잼을 고무주걱으로 긁어내려
   잘 섞으면서 매끄러운 상태가 될 때까지 반복하여
   분쇄한다.

4 보존용기에 넣어 냉장실에 보관한다.

무화과 레몬 잼

재료 약 230g 분량

말린 무화과 150g
레몬즙 40g
물 40g
카다멈(좋아한다면) 약간

만들기

1 믹서 용기에 모든 재료를 넣고 분쇄한다.

2 가는 중간중간에 여러 번 동작을 멈추고 용기
   안쪽에 튀어서 붙은 잼을 고무주걱으로 긁어내려
   잘 섞는다. 매끄러운 상태가 될 때까지 반복하여
   분쇄한다.

3 보존용기에 넣어 냉장실에 보관한다.

Point

잼을 만들 때 수분이 부족하여 믹서기
작동이 어렵고, 재료가 효과적으로 갈리지
않으면 농도를 보면서 레몬즙이나 물을
조금씩 더 넣는다.

잼의 보관 기간을 늘리려면 냄비에 넣고
가열한 후 완전히 식혀 냉장실에 둔다.

미니 시폰 컵케이크

콩(대두)에서 거품이 생기는
성질을 이용하여 폭신폭신한
식감을 끌어내었습니다.
모든 재료를 완전히 분쇄하여
반죽을 걸쭉한 상태로 만드는
것이 포인트입니다!
시폰 케이크 틀이 없어도
만들 수 있도록 컵케이크
스타일로 만들었습니다.

재료 머핀 6개 분량
틀 지름 5.5 × 높이 3.3cm

A
쌀(불린 것) 140g(불리기 전 108g)
콩(대두, 건조)* 10g(불린 후 22g)
두유(무조정) 90g
메이플 시럽 60g
레몬즙 5g
소금 2g

기름 45g
베이킹 파우더 6g

* 삶은 콩으로 대체할 수 없다.

불리기 전의 콩(왼쪽)과 불린 후 콩(오른쪽)의
모습. 콩의 부피가 두 배 가까이 늘어났다.

a

b

만들기

밑준비 깨깨끗하게 씻은 콩에 넉넉한 양의 물을 부어 하룻밤
동안 불린다. a

1 오븐을 200℃로 예열하고 머핀틀에 유산지 컵을 깐다.

2 믹서 용기에 A재료를 모두 넣고 간다.

3 가는 중간중간에 여러 번 동작을 멈추고 용기 안쪽에 튀어서
붙은 반죽을 고무주걱으로 긁어내려 잘 섞는다. 매끄러운
상태가 될 때까지 반복하여 분쇄한다.

4 기름을 넣고 반죽에 진득하게 찰기가 생길 때까지 분쇄한다.

5 반죽을 볼에 옮겨 담고 베이킹 파우더를 넣고 재빨리 섞는다.

6 유산지 컵을 깐 머핀틀에 반죽을 균등하게 넣는다. b

7 200℃의 오븐에서 14분간 굽는다.

파인애플
코코넛 케이크

남국의 정취가 물씬 느껴지는 열대지방의 맛을 선사하는 케이크입니다.
코코넛 오일과 코코넛 파인을 함께 넣어 파인애플의 맛을 더 끌어올려 색다르고 맛좋은
레시피로 완성하였습니다.

재료 철제 트레이 1개 분량
트레이 20.8 × 14.5 × 4.4cm

A
- 쌀(불린 것) 150g
  (불리기 전 115g)
- 두유(무조정) 30g
- 메이플 시럽 60g
- 소금 2g
- 파인애플 50g

코코넛 오일 50g
코코넛 파인(슬라이스를 더 잘게 분쇄한 것) 50g
베이킹 파우더 8g

만들기

1 오븐을 190℃로 예열하고 철제 트레이 모양에 맞게
   유산지를 잘라서 깐다(33쪽).

2 파인애플은 2~3cm 크기로 썬다.

3 믹서 용기에 A재료를 모두 넣고 간다. ª

4 가는 중간중간에 여러 번 작동을 멈추고 용기
   안쪽에 튀어서 붙은 반죽을 고무주걱으로 긁어내려
   잘 섞는다. 매끄러운 상태가 될 때까지 반복하여
   분쇄한다.

5 코코넛 오일을 넣고 모든 재료가 잘 어우러질 때까지
   저속에서부터 중속이 되도록 분쇄한다.

6 반죽을 볼에 옮겨 담고 코코넛 파인을 넣어 섞는다.
   ᵇ 베이킹 파우더를 넣고 재빨리 섞어 철제 트레이에
   흘려 넣는다.

7 190℃의 오븐에서 20분간 굽는다.

a

b

살구 생강
케이크

아몬드를 통째로 반죽에 넣고 갈았더니 가볍고 촉촉한 케이크가 입안에서 사르르 녹습니다.
잼은 취향에 따라 바꿔 넣으면 다양한 변화를 즐길 수 있어요.

재료 철제 트레이 1개 분량
트레이 20.8 × 14.5 × 4.4cm

A
- 쌀(불린 것) 150g
  - (불리기 전 115g)
- 두유(무조정) 45g
- 메이플 시럽 60g
- 소금 2g

아몬드 35g
기름 50g
살구 생강 잼(37쪽, 좋아하는 잼으로도 가능) 65g,
베이킹 파우더 8g

만들기

1 오븐을 190℃로 예열하고 철제 트레이 모양에 맞게
유산지를 잘라서 깐다(33쪽).

2 믹서 용기에 A재료를 모두 넣고 간다.

3 가는 중간중간에 여러 번 동작을 멈추고 용기
안쪽에 튀어서 붙은 반죽을 고무주걱으로 긁어내려
잘 섞는다. 매끄러운 상태가 될 때까지 반복하여
분쇄한다.

4 아몬드를 넣고 모든 재료가 잘 어우러질 때까지
분쇄한다. 기름을 넣어 다시 저속으로 분쇄한다.

5 반죽을 볼에 옮겨 담고 베이킹 파우더를 넣어 재빨리
섞는다. 잼을 넣고 대충 섞어 철제 트레이에 흘려
넣는다.

6 190℃의 오븐에서 20분간 굽는다.

현미로 만드는 케이크로
현미와 호두가 주는 고소함과
바나나의 풍미가 절묘하게
어우러집니다. 백미로 만들면
조금 더 섬세한 부드러움을
느낄 수 있습니다.

바나나 호두 케이크

재료 철제 트레이 1개 분량
트레이 20.8 × 14.5 × 4.4cm

A
- 현미(불린 것) 150g
  (불리기 전 115g)
- 두유(무조정) 40g
- 바나나 100g
- 메이플 시럽 60g
- 소금 2g

아몬드 35g, 기름 50g
호두(150℃의 오븐에서 15분간 굽는다) 50g 베이킹
파우더 8g

만들기

1 오븐을 200℃로 예열하고 철제 트레이 모양에 맞게
  유산지를 잘라서 깐다(33쪽).

2 믹서 용기에 A재료를 모두 넣고 간다.

3 가는 중간중간에 여러 번 동작을 멈추고 용기
  안쪽에 튀어서 붙은 반죽을 고무주걱으로 긁어내려
  잘 섞는다. 매끄러운 상태가 될 때까지 반복하여
  분쇄한다.

4 아몬드를 넣고 분쇄하여 매끄러운 상태가 되면
  기름을 넣어 다시 저속으로 분쇄한다.

5 반죽을 볼에 옮겨 담고 호두를 넣어 섞는다. [a] 베이킹
  파우더를 넣고 재빨리 섞어 철제 트레이에 흘려
  넣는다.

6 200℃의 오븐에서 20분간 굽는다.

a

재료 철제 트레이 1개 분량
트레이 20.8 × 14.5 × 4.4cm

A
- 현미(불린 것) 150g
  (불리기 전 115g)
- 두유(무조정) 50g
- 메이플 시럽 60g
- 레몬즙 10g
- 홍차 잎* 4g
- 소금 2g

아몬드 35g
기름 50g
말린 자두(씨 제거한 것) 50g
베이킹 파우더 8g

* 말린 자두와 잘 어울리는 실론 홍차를 사용함.
  다른 홍차 잎으로 대체 가능.

홍차 건자두 케이크

만들기

1 오븐을 190℃로 예열하고 철제 트레이 모양에 맞게
   유산지를 잘라서 깐다(33쪽).

2 믹서 용기에 A재료를 모두 넣고 간다.

3 가는 중간중간에 여러 번 동작을 멈추고 용기 안쪽에
   튀어서 붙은 반죽을 고무주걱으로 긁어내려 잘
   섞는다. 매끄러운 상태가 될 때까지 반복하여
   분쇄한다.

4 아몬드를 넣고 분쇄하여 매끄러운 상태가 되면 기름을
   넣어 저속으로 분쇄한다.

5 말린 자두를 넣고 다시 저속으로 분쇄한다.
   말린 자두가 페이스트 상태가 되지 않도록,
   자두 조각이 조금 남을 정도로만 분쇄한다.

6 반죽을 볼에 옮겨 담고 베이킹 파우더를 넣어 재빨리
   섞는다. 철제 트레이에 반죽을 흘려 넣는다.

7 190℃의 오븐에서 20분간 굽는다.

반죽에 홍차 잎을 그대로
넣고 섞으면 케이크를 한 입
베어 물 때 홍차 향이 입안
가득 퍼져나갑니다. 건자두의
묵직한 단맛에도 가려지지
않는 향긋함을 느껴 보세요.

※ 쌀 구움과자

Chapter 3

생 쌀로 구움과자를 만들면 좋은 식감을 내기가 어려웠습니다.
마침내 바삭하게 한 입 깨물면 입안에서는 사르르 녹는 맛을 만들어냈습니다.
과자 반죽에 콩비지와 견과류, 건과일을 넣는 것이 포인트!

촉촉한 쌀 스콘

신선한 콩비지를 넣어 겉도는 수분을 흡수시키면 겉은 바삭하고 속은 촉촉하게 완성할 수 있어요.

재료 6개 분량

```
┌─ 쌀(불린 것) 120g
│     (불리기 전 92g)
A  두유(무조정) 40g
│  메이플 시럽 30g
└─ 소금 2.5g
```

기름 40g
콩비지(생 것) 30g
아몬드* 30g
베이킹 파우더 8g

* 믹서기 마력에 따라 아몬드를 가루 상태로 갈지 못할
  경우에는 시판 아몬드 가루를 사용해도 좋다.

만들기

1 믹서기에 아몬드를 넣고 분쇄하여 아몬드 가루를
  만든다.[a]

a

2 오븐을 200℃로 예열하고 오븐팬에 유산지를
  깐다.

3 믹서 용기에 A재료를 모두 넣고 간다.

4 가는 중간중간에 여러 번 동작을 멈추고 용기
  안쪽에 튀어서 붙은 반죽을 고무주걱으로
  긁어내려 잘 섞는다. 매끄러운 상태가 될 때까지
  반복하여 분쇄한다.

b

5 기름을 넣고 모든 재료가 잘 어우러질 때까지
  저속으로 분쇄한 후 반죽을 볼에 옮겨 담는다.

6 콩비지를 넣어 섞은 다음 ①의 아몬드 파우더를
  넣어 다시 잘 섞는다.

7 베이킹 파우더를 넣어 재빨리 섞는다.[b]
  반죽을 6등분하여 오븐팬에 올린다.[c] 200℃의
  오븐에서 18~20분 동안 노릇하게 색이 날 때까지
  굽는다.

c

호두 건과일 스콘

기본 쌀 스콘(51쪽)에 재료를 더하여 만드는 응용 메뉴입니다.
볶은 호두나 건과일을 스콘 반죽에 넣으면 수분을 흡수하여 겉은 바삭하고, 입에서는 부드럽게 녹아듭니다.

재료 6개 분량

A ┌ 쌀(불린 것) 120g
  │   (불리기 전 92g)
  │ 두유(무조정) 40g
  │ 메이플 시럽 30g
  └ 소금 2.5g

기름 40g
콩비지(생 것) 30g
아몬드 30g
베이킹 파우더 8g
호두(또는 건과일) 70g

만들기

1 믹서기에 아몬드를 넣고 분쇄하여 가루 상태로 만든다.

2 오븐을 200℃로 예열하고 오븐팬에 유산지를 깐다.

3 믹서 용기에 A재료를 모두 넣고 간다.

4 가는 중간중간에 여러 번 동작을 멈추고 용기 안쪽에
   튀어서 붙은 반죽을 고무주걱으로 긁어내려 잘 섞는다.
   매끄러운 상태가 될 때까지 반복하여 분쇄한다.

5 기름을 넣고 모든 재료가 잘 어우러질 때까지 저속으로
   분쇄한 후 볼에 반죽을 옮겨 담는다.

6 콩비지를 넣어 섞은 다음 ①의 아몬드 가루를 넣어 다시
   잘 섞는다.

7 호두(또는 건과일)를 넣어 섞고 베이킹 파우더를 넣어 다시
   재빨리 섞는다.

8 반죽을 6등분해 오븐팬에 올리고 200℃의 오븐에서
   18~20분 동안 노릇하게 색이 날 때까지 굽는다.

크랜베리 스콘

호두 스콘

아몬드 쌀 쿠키

재료 지름 2.5~3cm 약 70개 분량

A
- 쌀(불린 것) 150g
  (불리기 전 115g)
- 물 50g
- 메이플 시럽 60g
- 소금 4g

기름 50g
아몬드 145g

만들기

1 믹서기에 아몬드를 넣고 분쇄하여 가루 상태로 만든다.

2 오븐을 160℃로 예열하고 오븐팬에 유산지를 깐다.

3 믹서 용기에 A재료를 모두 넣고 간다.

4 가는 중간중간에 여러 번 동작을 멈추고 용기 안쪽에 튀어서 붙은 반죽을 고무주걱으로 긁어내려 잘 섞는다. 매끄러운 상태가 될 때까지 반복하여 분쇄한다.

5 기름을 넣고 모든 재료가 잘 어우러질 때까지 저속으로 분쇄한다.

6 볼에 반죽을 옮겨 담고 ①의 아몬드 가루를 넣어 잘 섞는다.

7 별 모양 깍지를 끼운 짤주머니에 반죽을 채워 넣고 유산지 위에 지름 2cm 크기의 별 모양으로 짜 올린다. a

8 160℃의 오븐에서 30분 동안 굽는다.

*남은 반죽은 냉동보관 가능

a

별 모양 깍지로 짜낸 모양이 사랑스러워 선물하기에 아주 좋고,
특히 파삭한 식감이 아주 좋은 쿠키입니다.

콩가루 쌀 쿠키

재료 약 20 × 20cm 유산지 4장 분량

$$
A \begin{cases}
\text{쌀(불린 것) 120g} \\
\quad \text{(불리기 전 92g)} \\
\text{물 40g} \\
\text{메이플 시럽 48g} \\
\text{소금 3g}
\end{cases}
$$

기름 40g
콩가루 48g

만들기

1 오븐을 160℃로 예열하고 오븐팬에 유산지를 깐다.

2 믹서 용기에 A재료를 모두 넣고 간다.

3 가는 중간중간에 여러 번 동작을 멈추고 용기 안쪽에 튀어서 붙은 반죽을 고무주걱으로 긁어내려 잘 섞는다. 매끄러운 상태가 될 때까지 반복하여 분쇄한다.[a]

4 기름을 넣고 모든 재료가 잘 어우러질 때까지 저속으로 분쇄한다.

5 볼에 반죽을 옮겨 담고 콩가루를 넣어 잘 섞는다.[b]

6 반죽의 ¼분량을 유산지 위에 올리고 그 위에 다시 유산지를 올려 덮는다.[c] 밀대로 밀어 균일한 두께가 되도록 얇게 편다.[d] 적당한 크기로 자른다.[e] 남은 반죽도 같은 방법으로 만든다.

7 오븐팬에 자른 반죽이 겹치지 않게 올리고 160℃의 오븐에서 바삭바삭해질 때까지 15~18분 동안 굽는다.

*남은 반죽은 냉동보관 가능

콩가루 쌀 쿠키

검은깨 쌀 쿠키

반죽을 되도록 얇게 펴서 수분을 날려야 바삭바삭 경쾌하게 씹는 맛을 살릴 수 있습니다.
반죽이 두꺼우면 물렁하고 끈적이는 과자가 될 수 있습니다.
우리집에서는 반죽을 자르지 않고 큼직하게 한 장으로 구워 손으로 잘라먹는 걸 즐긴답니다.

검은깨 쌀 쿠키

재료 약 20 × 20cm 유산지 4징 분량

A ┌ 쌀(불린 것) 120g
  │   (불리기 전 92g)
  │ 물 40g
  │ 메이플 시럽 48g
  └ 소금 3g

기름 50g
검은 통깨(빻은 깨로 대체 가능) 100g

만들기

1 믹서기에 통깨를 넣고 분쇄하여 가루 상태로 만든다.

2 콩가루 쌀 쿠키(57쪽)의 ①~④와 같은 방법으로 만든다.

3 볼에 반죽을 옮겨 담고 ①의 깨 가루를 넣어 잘 섞는다.

4 반죽의 ¼분량을 유산지 위에 올리고 그 위에 다시 유산지를 올려 덮는다. 밀대로 밀어 균일한 두께가 되도록 얇게 편다. 적당한 크기로 자른다. 남은 반죽도 같은 방법으로 만든다.

5 오븐팬에 자른 반죽이 겹치지 않게 올리고 160℃의 오븐에서 바삭바삭해질 때까지 20분 동안 굽는다.

무화과타르트

블루베리 타르트

과일 타르트

바삭바삭한 맛이 좋은 타르트 반죽의 포인트는 반죽에 아몬드 가루를 넣어 수분을 완전히 흡수시키는 것입니다. 타르트에 올리는 과일은 복숭아나 포도, 딸기 등 좋아하는 것으로 마음껏 골라 보세요.

타르트 틀 만들기

1 믹서기에 아몬드를 넣고 분쇄하여 가루 상태로 만든다.

2 오븐을 160℃로 예열하고, 타르트 틀 모양에 맞추어
유산지를 깐다.

3 믹서 용기에 A재료를 모두 넣고 간다.

4 가는 중간중간에 여러 번 동작을 멈추고 용기 안쪽에
튀어서 붙은 반죽을 고무주걱으로 긁어내려 잘
섞는다. 매끄러운 상태가 될 때까지 반복하여
분쇄한다.[a]

5 기름을 넣고 모든 재료가 잘 어우러질 때까지 저속으로
분쇄한다.

6 볼에 반죽을 옮겨 담고 ①의 아몬드 가루를 넣고 잘
섞는다.[b]

7 반죽의 $\frac{1}{5}$분량을 밀대로 밀어 2~3mm 두께로
늘린다.[c] 반죽을 타르트 틀 모양에 맞추어 깐다.[d]

8 반죽에 포크로 구멍을 골고루 내고[e] 160℃의
오븐에서 30분 동안 굽는다.[f]

＊남은 반죽은 냉동보관 가능.

재료 분리형 타르트 틀 5개 분량
틀 지름 12cm

A ⎡ 쌀(불린 것) 150g
  ⎜   (불리기 전 115g)
  ⎜ 물 55g
  ⎣ 소금 4g

기름 25g
아몬드 160g
쌀 커스터드 크림 70g(63쪽)
블루베리 100g

a

b

c

d

e

f

쌀 커스터드 크림 만들기

쌀 커스터드 크림을 만들 때에는 두유 특유의 냄새가 남지 않도록 메이플 시럽과 바닐라 빈을
넣어 크림에 풍미를 충분히 내는 것이 중요합니다.

재료 철제 트레이 1개 분량
트레이 20.8 × 14.5 × 4.4cm

쌀(불린 것) 30g
　　(불리기 전 23g)
A 두유(무조정) 250g
메이플 시럽 100g
소금 1g
바닐라빈 1/3개

기름 20g

1 믹서기 용기에 A재료를 모두 넣고 간다.

2 가는 중간중간에 여러 번 동작을 멈추고 용기 안쪽에
　 튀어서 붙은 반죽을 고무주걱으로 긁어내려 잘 섞는다.
　 매끄러운 상태가 될 때까지 반복하여 분쇄한다.

3 기름을 넣고 모든 재료가 잘 어우러질 때까지 분쇄한다.[a]

4 작은 냄비에 반죽을 옮겨 담고 약불에서 나무주걱으로
　 뒤섞으며 가열한다.[b]

5 걸쭉하게 농도가 생기기 시작하면 눌어붙지 않도록
　 골고루 잘 저으면서 묵직하게 농도가 더 생길 때까지
　 가열한다.[c]

6 철제 트레이에 옮겨 담고 식으면 뚜껑을 덮어 냉장실에
　 넣는다. [d]

블루베리 타르트 완성하기

쌀로 만든 파이틀(60쪽)이 한 김 식으면 쌀 커스터드 크림을 채우고,[e] 블루베리를 올린다.[f]

무화과 타르트

블루베리 타르트와 같은 방법으로 만든 다음 길이로 여러 등분한 무화과 한 개를 모양내어 올린다.

남은 타르트 반죽으로 만드는

그리시니

남은 타르트 반죽을 활용하고 싶어 만들어본 레시피인데 우리집 아이들에게는 타르트 만큼이나 인기 있는 간식입니다. 칠리 파우더 등 가족들이 좋아하는 스파이스를 더해 여러 가지 맛으로 자유롭게 즐겨보세요.

만들기

1   오븐을 160℃로 예열한다.

2   쌀 타르트 반죽(60쪽)을 10g씩 나누어 20cm 길이의 막대모양으로 늘린다.[a]

3   좋아하는 맛재료(스파이스 또는 드라이 허브)를 뿌린다.

4   160℃의 오븐에서 35~40분 동안 노릇하게 색이 날 때까지 굽는다.[b]

    * 남은 타르트 반죽은 냉동 보관 가능.

a

b

그리니시와 잘 어울리는 맛재료
**참깨, 검은 후추, 말린 허브, 산초 가루 등
입맛대로 무엇이든 적당량!**

과일 그라탱

화이트 와인을 살며시 더하여 산뜻하고 깔끔한 맛으로 완성했습니다.
과일은 제철에 어울리는 것으로 골라 다양하게 즐겨 보세요.

재료 철제 트레이 1개 분량
트레이 20.8 × 14.5 × 4.4cm

쌀 커스터드 크림(63쪽) 250g
화이트 와인 25g
딸기 350g

만들기

1   오븐을 220℃로 예열한다.

2   철제 트레이에 쌀 커스터드 크림을 담고 화이트 와인을
    부어a 고무주걱으로 잘 섞는다.b

3   커스터드 크림 위에 꼭지를 딴 딸기를 보기 좋게 모양
    내어 올린다.c

4   220℃의 오븐에서 15분간 굽는다.

5   뜨거울 때 먹어도 좋고 한 김 식으면 냉장실에 넣고
    차갑게 만들어 먹어도 좋다.

집에 있는 견과류와 과일을 섞어 나만의 배합을 만들어도 좋습니다.
아이스크림에 토핑으로 올려 먹거나 요구르트에 섞어 먹어도 맛있습니다.

쌀 그라놀라

재료

A
- 쌀(불린 것) 100g
-     (불리기 전 77g)
- 물 40g
- 메이플 시럽 60g
- 소금 2g

기름 40g
오트밀 170g
좋아하는 견과류와 씨앗 160g
(캐슈넛, 아몬드, 호두, 호박씨, 해바라기씨, 참깨 등)
좋아하는 건과일 160g
(말린 포도·살구·크랜베리·무화과 등)

만들기

1 오븐을 150℃로 예열하고 오븐팬에 유산지를 깐다.

2 믹서 용기에 A재료를 모두 넣고 간다.

3 가는 중간중간에 여러 번 동작을 멈추고 용기 안쪽에
   튀어서 붙은 반죽을 고무주걱으로 긁어내려 잘 섞는다.
   매끄러운 상태가 될 때까지 반복하여 분쇄한다.

4 기름을 넣고 모든 재료가 잘 어우러질 때까지 분쇄한다.

5 볼에 반죽을 옮겨 담고 오트밀을 넣어 잘 섞는다.a

6 견과류와 씨앗을 넣고 가볍게 섞어 오븐팬에 펼쳐 담는다.b
   150℃의 오븐에서 30~40분 동안 굽는다.

7 노릇하게 색이 나면 오븐에서 꺼내어 한 김 식힌다.

8 건과일을 적당한 크기로 잘라 ⑦과 섞는다.c
   밀폐용기에 넣어 보관한다.

쌀 피낭시에

촉촉한 반죽으로 완성하기 위해서 유분과 아몬드를 넉넉히 넣습니다.
이 책에 등장하는 레시피 중에서 제법 풍성한 배합을 자랑하는 과자입니다.
구운 후 하루가 지나면 촉촉함이 풍부한, 갓 구웠을 때와는 또 다른 맛을 경험할 수 있습니다.

재료 피낭시에 틀 12개 분량
틀 8.4 × 4.1 × 1.1cm

```
┌   쌀(불린 것) 120g
│      (불리기 전 92g)
A   두유(무조정) 60g
│   메이플 시럽 50g
└   소금 2g
```

아몬드 30g
기름 50g
베이킹 파우더 4g

만들기

1 오븐을 200℃로 예열하고 피낭시에 틀에 가볍게
   기름(분량 외)을 바른다.

2 믹서 용기에 A재료를 모두 넣고 간다.

3 가는 중간중간에 여러 번 동작을 멈추고 용기 안쪽에
   튀어서 붙은 반죽을 고무주걱으로 긁어내려 잘
   섞는다. 매끄러운 상태가 될 때까지 반복해서
   분쇄한다.

4 ③에 아몬드를 넣고 분쇄한다. 기름을 넣고 모든
   재료가 잘 어우러질 때까지 저속으로 분쇄한다.

5 반죽의 ½분량을 볼에 옮겨담는다.*

6 베이킹 파우더 ½분량을 넣어 재빨리 섞는다. 피낭시에
   틀에 반죽을 균등하게 흘려 넣는다.ª

7 200℃의 오븐에서 12분간 굽는다.

8 한 김 식으면 손으로 가만히 틀에서 떼어낸다.

9 남은 반죽도 ⑤~⑦의 순서를 반복하여 구워 완성한다.

   *반죽에 베이킹 파우더를 넣으면 즉각 반응을 일으키므로 한 번
    구울 분량만 볼에 옮겨 담는다.

a

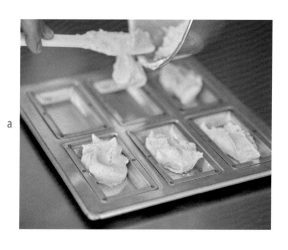

쌀 마들렌

반죽에 레몬즙과 요거트를 넣어 부담 없이 가볍게 먹을 수 있도록 완성했습니다.
기름은 코코넛 오일을 사용하여 우아한 풍미를 느낄 수 있는 맛으로!

재료 마들렌 틀 10개 분량
틀 7.6 × 4.9 × 1.3cm

A
- 쌀(불린 것) 120g
  (불리기 전 92g)
- 두유 요구르트 50g
- 메이플 시럽 60g
- 레몬즙 10g
- 소금 2g

코코넛 오일 50g
베이킹 파우더 4g

만들기

1 오븐을 200℃로 예열하고 마들렌 틀에 가볍게 기름(분량 외)을 바른다.

2 믹서 용기에 A재료를 모두 넣고 간다.

3 가는 중간중간에 여러 번 동작을 멈추고 용기 안쪽에 튀어서 붙은 반죽을 고무주걱으로 긁어내려 잘 섞는다. 매끄러운 상태가 될 때까지 반복하여 분쇄한다.

4 코코넛 오일을 넣고 모든 재료가 잘 어우러질 때까지 저속으로 분쇄한다.

5 볼에 반죽을 옮겨 담고 베이킹 파우더를 넣어 재빨리 섞는다. 마들렌 틀에 반죽을 균등하게 흘려 넣는다.

6 200℃의 오븐에서 12분 동안 굽는다.

7 한 김 식으면 손으로 가만히 틀에서 떼어낸다.

피낭시에와 마들렌 틀이 없을 경우에는 제과용 알루미늄 컵에 기름을 바르고 반죽을 흘려 넣어 구워도 좋아요.

쌀 팬케이크

프라이팬 하나로 완성할 수 있는 아주 손쉬운 간식입니다.
촉촉하고 폭신하며 은은한 단맛이 깃들어 있어 몇 장이라도 먹을 수 있는 맛입니다.
비건 버터도 꼭 만들어 곁들여 보세요.

재료 지름 11cm 4장 분량

```
┌   쌀(불린 것) 150g
│     (불리기 전 115g)
A  두유(무조정) 90g
│   메이플 시럽 40g
└   소금 2g
```

기름 25g
베이킹 파우더 6g

만들기

1 믹서 용기에 A재료를 모두 넣고 간다.

2 가는 중간중간에 여러 번 동작을 멈추고 용기 안쪽에
   튀어서 붙은 반죽을 고무주걱으로 긁어내려 잘 섞는다.
   매끄러운 상태가 될 때까지 반복하여 분쇄한다.

3 기름을 넣고 반죽에 진득하게 찰기가 생길 때까지
   믹서기로 분쇄한다.

4 프라이팬을 중불에서 달구어 기름(분량 외)을 약간
   두르고 키친타월을 사용해 팬 전체에 바른다.
   프라이팬을 젖은 행주 위에 5초 정도 올렸다가 다시 불
   위에 올린다.

5 ③의 반죽을 볼에 옮겨 담고 베이킹 파우더를 넣어
   재빨리 섞는다.

6 프라이팬에 반죽의 ¼분량을 둥글게 흘려 붓는다.[a]
   표면에 구멍이 송송 생기면 뒤집어서[b] 다시 2~3분 동안
   굽는다. 남은 반죽도 같은 방법으로 굽는다.

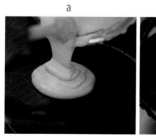
a

b

비건버터

재료

코코넛 오일 100g
두유 요거트(다른 식물성 요거트로 대체
가능) 30g
소금 2~3g

만들기

1 믹서 용기에 재료를 모두 넣고 매끄러운
   농도가 날 때까지 간다.

2 냉장실에 보관하고 먹기 전에 상온에 꺼내
   둔다.

쌀 와플

쌀 팬 케이크를 반으로 접으면 와플로 변신!
쌀 와플은 쌀 커스터드 크림을 양껏! 먹기 위해 만든 메뉴랍니다.

재료 지름 11cm 4장 분량

A
쌀(불린 것) 150g
　(불리기 전 115g)
두유(무조정) 90g
메이플 시럽 40g
소금 2g

기름 25g
베이킹 파우더 2g
쌀 커스터드 크림(63쪽) 120g

만들기

1 믹서 용기에 A재료를 모두 넣고 간다.

2 가는 중간중간에 여러 번 동작을 멈추고 용기 안쪽에 튀어서 붙은 반죽을 고무주걱으로 긁어내려 잘 섞는다. 매끄러운 상태가 될 때까지 반복하여 분쇄한다.

3 기름을 넣고 반죽에 진득하게 찰기가 생길 때까지 믹서기로 분쇄한다.

4 프라이팬을 중불에서 달구어 기름(분량 외)을 약간 두르고 키친타월을 사용해 팬 전체에 바른다. 프라이팬을 젖은 행주 위에 5초 정도 올렸다가 다시 불 위에 올린다.

5 ③의 반죽을 볼에 옮겨 담고 베이킹 파우더를 넣어 재빨리 섞는다.

6 프라이팬에 반죽의¹/₆ 분량을 둥글게 흘려 붓는다. 표면에 구멍이 송송 생기면 뒤집어서 다시 2~3분 동안 굽는다. 남은 반죽도 같은 방법으로 굽는다.

7 구운 반죽이 한 김 식으면 크림을 바르기 쉽도록 가볍게 반으로 접어서 철제 트레이에 넣고 완전히 식힌다.[a]

8 ⑦의 구운 반죽에 쌀 커스터드 크림을 20g씩 바른다.[b] 좋아한다면 크림의 양을 듬뿍 늘려도 좋다.

a

b

팥소와 아주 잘 어울리는, 찹쌀로 만든 화과자 레시피를 모았습니다.

찹쌀을 분쇄하는 것이 만들기의 시작인 화과자는 '신선한' 맛과 '탱글탱글' 식감이 특징입니다.

예를 들면, 갓 찧어 만든 떡을 먹었을 때 느낄 수 있는 말랑말랑 쫀득함 같은 것이죠.

Chapter 4

쌀 화 과 자

도라야키

반죽에 맛술을 넣어 일본풍의 단맛을 살렸습니다. 일반적인 감미료 대신 대추야자를 넣어 만든 팥소를 곁들여 절묘한 맛을 냅니다.

재료 6개 분량

A
- 쌀(불린 것) 150g
  - (불리기전 115g)
- 두유(무조정) 80g
- 메이플 시럽 45g
- 소금 2.5g
- 맛술 5g

기름 25g
베이킹 파우더 2.5g
대추야자 팥소(82쪽) 120g

만들기

1 믹서 용기에 A재료를 모두 넣고 간다.

2 가는 중간중간에 여러 번 동작을 멈추고 용기 안쪽에 튀어서 붙은 반죽을 고무주걱으로 긁어내려 잘 섞는다. 매끄러운 상태가 될 때까지 반복하여 분쇄한다.

3 기름을 넣고 반죽에 진득하게 찰기가 생길 때까지 반복하여 분쇄한다.

4 프라이팬을 중불에서 달구어 기름(분량 외)을 약간 두르고 키친타월을 사용해 팬 전체에 바른다. 프라이팬을 젖은 행주 위에 5초 정도 올렸다가 다시 불 위에 올린다.

5 ③의 반죽을 볼에 옮겨 담고 베이킹 파우더를 넣어 재빨리 섞는다.

6 프라이팬에 반죽의   분량을 둥글게 흘려 붓는다. 표면에 구멍이 송송 생겨면 뒤집어서 다시 1~2분 구워 한 김 식힌다. 남은 반죽도 같은 방법으로 굽는다.

7 대추야자 팥소를 20g씩 계량하여 둥글게 빚어 가볍게 누른다.

8 구운 도라야키 반죽 한 장에 팥소를 올리고 다른 한 장을 그 위에 올린다. 전체적으로 모양을 정리하여 완성한다. 나머지 도라야키도 같은 방법으로 만든다.

대추야자 팥소

재료 약 230g

팥(건조) 60g
뜨거운 물 360g
대추야자 100g
소금 한 자밤
미지근한 물 230g

만들기

밑준비 깨끗하게 씻은 팥을 보온병에 넣고 뜨거운 물을 붓는다. 그대로 하룻밤 동안 둔다.

1 믹서 용기에 씨를 뺀 대추야자, 소금, 미지근한 물을 넣고 분쇄한다.

2 ①에 물기를 뺀 불린 팥을 넣고,  매끄러운 상태가 될 때까지 저속으로 분쇄한다. 잘 갈리지 않으면 물을 조금씩 넣는다.

3 작은 냄비에 ②를 옮겨 담고 중불에 올린다. 나무주걱으로 잘 저으면서 수분이 없어질 때까지 조린다.

4 철제 트레이에 넓게 펼쳐 담아 식힌다.

유베시*

유베시를 좋아하지 않는 분이라할지라도
자신도 모르게 손이 가고 말 정도로
맛있습니다. 시판 유베시보다 단맛을 줄이고
은은하게 퍼지는 간장향이 이 과자의
포인트입니다.

* 유베시는 유자와 호두로 만드는 저장식이나 휴대용 식량에
가까운 것이었지만 현재에 와서는 진미 과자로 애용된다.

재료 철제 트레이 1개 분량
트레이 20.8 × 14.5 × 4.4cm

┌ 찹쌀(불린 것) 150g
│   (불리기전 110g)
A 물 40g
│ 메이플 시럽 400g
└ 간장 5g

호두(150℃ 오븐에서 15분간 굽는다) 50g
녹말가루 적당량

만들기

1 철제 트레이에 유산지를 모양대로 잘라 깐다(33쪽).
   찜기에 찜용 접시를 깔고 물을 2~3cm 높이로 부어 끓인다.

2 믹서 용기에 A재료를 모두 넣고 간다.

3 가는 중간중간에 여러 번 동작을 멈추고 용기 안쪽에
   튀어서 붙은 반죽을 고무주걱으로 긁어내려 잘 섞는다.
   매끄러운 상태가 될 때까지 반복하여 분쇄한다.

4 철제 트레이에 반죽을 흘려 넣는다. 호두를 넣어
   고무주걱으로 가볍게 섞고 표면을 평평하게 다듬는다.

5 김이 오른 찜기에 넣고 20분간 가열한다.

6 ⑤가 한 김 식으면, 녹말가루를 뿌린 작업대 위에 꺼내어
   올린다. 반죽에도 녹말가루를 조금씩 뿌리면서 밀대로
   얇게 편다. 8등분으로 잘라 완성한다.

쌀 야츠하시*

찹쌀을 믹서에 넣고 갈아서 바로 만드는
야츠하시의 반죽은 쫄깃쫄깃 그 자체!
반죽에 시나몬 파우더를 뿌리면 팥소를 넣지
않더라도 맛있게 먹을 수 있답니다.

*야츠하시는 일본 교토를 대표하는 과자 중
 하나이다. 계피 맛이 나는 전병의 일종으로
 반죽을 구워 낸 '야츠하시'와 반죽을 찐
 '나마 야츠하시'가 있다. 팥소를 넣은
 '나마 야츠하시'도 인기있다.

a   b

재료 철제 트레이 1개 분량
트레이 20.8 × 14.5 × 4.4cm

```
   찹쌀(불린 것) 150g(불리기전 110g)
A  물 40g
   메이플 시럽 40g
```

콩가루 적당량
시나몬 파우더 적당량
대추야자 팥소(82쪽) 45g(기호에 따라 분량 조정
가능)

만들기

1   철제 트레이에 유산지를 모양대로 잘라
    깐다(33쪽). 두꺼운 프라이팬(또는 찜기)에 찜용
    접시를 깔고 물을 2~3cm 높이로 부어 끓인다.

2   믹서 용기에 A재료를 모두 넣고 간다.

3   가는 중간중간에 여러 번 동작을 멈추고 용기
    안쪽에 튀어서 붙은 반죽을 고무주걱으로
    긁어내려 잘 섞는다. 매끄러운 상태가 될 때까지
    반복하여 분쇄한다.

4   철제 트레이에 반죽을 흘려 넣는다. 김이 오른
    프라이팬에 넣고 10분간 찐 다음 꺼낸다.ᵃ

5   대추야자 팥소를 5g씩 나누어 둥글게 빚어
    모양을 잡는다.

6   ④가 한 김 식으면 철제 트레이에서 꺼내어
    가볍게 늘린 후 콩가루를 뿌린다.ᵇ

7   콩가루와 시나몬 파우더를 다시 얇게 뿌리면서,
    사방 약 25cm크기가 되도록 밀대로 얇게 펴서
    모양을 만든다.ᶜ

8   반죽 가장자리를 반듯하게 잘라 정리하고 9개의
    정사각형 모양으로 자른다.ᵈ 팥소를 올려
    접는다.ᵉ

c

d

e

찹쌀떡

찹쌀을 바로 갈아 반죽을 만들어서 쫀득하고 말랑한 식감이 매력적입니다.
기분 좋게 달달한 대추야자 팥소와도 아주 잘 어울리는 맛조합을 자랑합니다.

재료 철제 트레이 1개 분량
트레이 20.8 × 14.5 × 4.4cm

A
┌ 찹쌀(불린 것) 150g
│　　(불리기전 110g)
│ 물 45g
│ 메이플 시럽 40g
└ 소금 1g

대추야자 팥소(82쪽 참조) 230g
녹말가루 적당량

만들기

1　철제 트레이에 유산지를 모양대로 잘라 깐다(33쪽). 찜기에
　찜용 접시를 깔고 물을 2~3cm 높이로 부어 끓인다.

2　믹서 용기에 A재료를 모두 넣고 간다.

3　가는 중간중간에 여러 번 동작을 멈추고 용기 안쪽에
　튀어서 붙은 반죽을 고무주걱으로 긁어내려 잘 섞는다.
　매끄러운 상태가 될 때까지 반복하여 분쇄한다.

4　철제 트레이에 반죽을 흘려 넣는다. 김이 오른 찜기에 넣고
　10분간 찐다.

5　대추야자 팥소를 25g씩 나누어 둥글게 빚어 모양을 잡는다.

6　④가 한 김 식으면, 녹말가루를 뿌린 작업대 위에 꺼내어
　올린다. 반죽에도 녹말가루를 조금씩 뿌리면서 밀대로 얇게
　편다.ᵃ

7　반죽을 9등분 하고 각각 팥소를 올려 감싼다.ᵇ⁻ᶜ

a   b   c

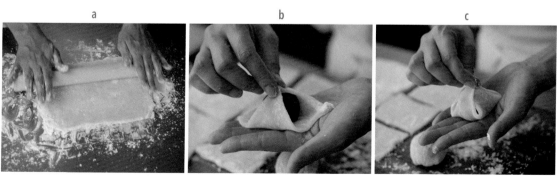

찹쌀경단 (고출력 믹서기용)

수분이 적으므로 믹서 용기에 흩어져 있는 반죽을 고무주걱으로 잘 모아 정리하면서 끈기 있게 분쇄하는
것이 맛있는 경단을 만들 수 있는 비결입니다.

재료

A
- 찹쌀(불린 것) 150g
  (불리기전 110g)
- 물 40g
- 소금 1g

좋아하는 과일
대추야자 팥소(82쪽)
메이플 시럽 각각 원하는 만큼

만들기

1 믹서 용기에 A재료를 모두 넣고 간다.

2 가는 중간중간에 여러 번 동작을 멈추고 용기 안쪽에 튀어서 붙은 반죽을 고무주걱으로 긁어내려 잘 섞는다. 천천히 시간을 들여 매끄러운 상태가 될 때까지 분쇄한다. 반죽을 볼에 옮겨 담는다.[a] 잠시 그대로 두면 반죽의 물기가 조금 날아가 둥글게 빚기 쉬운 상태가 된다.

3 작은 냄비에 물을 넣고 끓인다. 둥글게 빚어 모양 잡은 반죽을 넣어 데친다.[b] 작업할 때 반죽이 너무 끈적하게 달라붙으면 녹말가루를 덧가루로 뿌려도 좋다.

4 경단이 떠오르면 1분 정도 더 데친 후 체로 건져내어 찬물에 넣는다. 식으면 바로 물기를 뺀다.

5 좋아하는 과일, 팥소와 함께 그릇에 모양내어 담는다. 기호에 따라 메이플 시럽을 뿌린다.

a

b

콩가루 찹쌀경단 (저출력 믹서기용)

레시피대로 만들어도 분쇄가 잘 되지 않을 때에는 물을 조금씩 보충해 주세요.
마무리 단계에서 콩가루를 조금씩 넣으면서 반죽의 농도를 조절합니다.

재료

A
- 찹쌀(불린 것) 150g
  - (불리기전 110g)
- 물 45g 또는 그 이상
- 소금 1g

콩가루 7g 또는 그 이상
대추야자 팥소(82쪽)
메이플 시럽 각각 원하는 만큼

만들기

1 믹서 용기에 A재료를 모두 넣고 간다.

2 가는 중간중간에 여러 번 동작을 멈추고 용기
   안쪽에 튀어서 붙은 반죽을 고무주걱으로
   긁어내려 잘 섞는다. 천천히 시간을 들여 매끄러운
   상태가 될 때까지 분쇄한다. 반죽이 매끄러운
   상태가 되지 않으면 반죽상태를 살펴가며 소량의
   물을 더 넣는다.

3 반죽을 볼에 옮겨 담아 콩가루를 넣어 섞고,a
   둥글게 빚어 모양을 잡을 수 있을 정도의 농도로
   만든다. 잠시 그대로 두면 반죽의 물기가 조금
   날아가 둥글게 빚기 쉬운 상태가 된다.

4 작은 냄비에 물을 넣고 끓인다. 둥글게 빚어 모양
   잡은 반죽을 넣어 데친다.

5 경단이 떠 오르면 1분 정도 더 데친 후 체로
   건져내어 찬물에 넣는다. 식으면 바로 물기를 뺀다.

6 기호에 따라 팥소 등과 함께 그릇에 모양내어
   담는다. 원한다면 메이플 시럽을 뿌린다.

a

우리집의 이로저로 1

대학 졸업 후 요리전문학교로 진학

최근 '왜 비건이 되었습니까?'라는 질문을 받는 일이 늘어났습니다. 지금까지 제가 걸어온 길에 대해 자세하게 밝힌 적이 없었으므로 이번 기회를 통해 이야기해볼까 합니다.

저는 대학에서 영문학을 전공했습니다. 졸업 후에는 영어와 요리를 배우기 위해 미국에 있는 요리 학교로 유학을 가고 싶었지만, 외국까지 가서 요리를 배우는 것을 마뜩잖게 생각하셨던 부모님을 설득하지 못해 단념하고 말았습니다. 하지만 외국에 대한 동경과 요리와 관련된 일을 하고 싶은 희망은 포기하지 못했기에 '에꼴 컬리너리 국립(헌 에콜 츠지 도쿄)'의 츠지 일본 요리 마스터 컬리지에 진학하였습니다. '장래 일본식(食)을 외국에 널리 알리고 싶다'는 희망이 있었기 때문이었습니다.

전문학교 졸업 후에는 일식 레스토랑에서 근무하였습니다. 사실 제과에 흥미를 가지게 된 것은 이 레스토랑에서 일할 때였습니다. 그때는 디저트 제작에 아주 적은 비중으로 관여하였는데, 그 정도로는 점점 성에 차지 않게 되어 결국 케이크 만드는 일을 하게 되었습니다. 그로부터 결혼과 임신을 하게 될 때까지 제과 일을 계속했습니다.

그때까지는 비건이 아니었습니다.

갑작스러운 남편의 채식 선언으로 대혼란에 빠지다!

아이가 태어나고 잠시 동안 전업주부였습니다. 육아에 혼신의 힘을 다하고 즐기면서, 두 명의 아이들이 초등학교에 들어갈 무렵이 되면 집에서 요리교실을 열고 싶다고 생각하면서, 가족을 위해 매일매일 일본식단 중심의 건강한 식사를 만드는데 최선을 다하였습니다. 그러던 어느 날, 미국인 남편이 갑자기 "나 내일부터 베지테리언이 될 거야!"라고 선언했습니다. 이런 청천벽력 같은 일이 또 있을까요?

"베지테리언? 갑자기 왜?" "냉동실에 있는 고기랑 생선은 어쩌라고?"

"내가 하는 일은 어쩌고?" "어떻게 아무런 상의도 없이 그런 중요한 일을 결정할 수 있는 거야?" 라며 매일 밤 우리 부부는 토론회를 열었습니다.

"환경문제나 동물 보호차원에서 실천해야 할 때가 되었어. 지구를 생각한다면 한시라도 지체할 수가 없다구." 라는 남편의 설득을 이해하고 싶었지만 그와 동시에 매일 먹는 식사를 어떻게 채식으로 바꿔가야 할지!

지금까지 제가 해왔던 요리도, 일도 모두 부정당하는 것 같아 슬퍼졌고, 정말 큰 충격을 받았습니다. 당시 둘째 딸이 5개월, 첫째 딸은 2살이었습니다. 육아에 쫓기느라 산후 회복도 시원찮아 체력적으로도 힘든 시기였기에 갑작스러운 남편의 선언에 몸과 마음은 모두 대혼란에 빠졌습니다.

그렇지만 가족 모두 같은 음식을 맛있게 먹기를 바라는 마음 하나로 채식에 대하여 필사적으로 연구했습니다. 대혼란을 해결해 줄 첫 번째 실마리로 마크로비오틱을 배우고 그 다음에는 글루텐 프리와 로푸드(Raw food)를 공부하며 지금의 비건 스타일을 완성시켜 왔습니다.

현재 제가 먹는 매일의 식사는 비건 스타일입니다. 달걀이나 유제품은 허용하는 식단에서부터 시작하여 차차 동물성 식품을 일체 먹지 않는 비건으로 옮겨왔습니다. 또한 의식주에 관련된 모든 것에 동물로부터 착취한 것을 사용하지 않는 지금의 라이프 스타일을 완성하게 되었습니다.

처음에는 남편의 선언에 반발하였지만, 비건에 대해서 공부하면 할수록 그 철학과 방식에 공감 가는 점이 대부분이었습니다. 비건을 실천할수록 상상할 수 없었던 기분 좋은 생활을 할 수 있게 되면서 이 점이 나를 향한 가장 좋은 설득이었다는 생각을 하게 됩니다.

쌀로 만드는 차가운 얼음간식입니다. 믹서기로 걸쭉하게 갈아 만든 쌀 반죽만 있으면 생크림 같은 유제품을
넣지 않고서도 차가운 서양식 디저트를 만들 수 있습니다.

Chapter 5

차가운 쌀 디저트

하얀 쌀 푸딩

한천과 걸쭉한 쌀 반죽을 잘 섞어서 탱글탱글한 식감을 만들어 내었습니다.

재료 철제 트레이 1개 분량
트레이 20.8 × 14.5 × 4.4cm

A
쌀(불린 것) 30g
　(불리기 전 23g)
두유(무조정) 450g
메이플 시럽 100g
바닐라빈 ⅓개
소금 1g
한천 1g

기름 20g

a

b

만들기

1　믹서 용기에 A 재료를 모두 넣고 간다.

2　가는 중간중간에 여러 번 동작을 멈추고 용기
　안쪽에 튀어서 붙은 반죽을 고무주걱으로
　긁어내려 잘 섞는다. 매끄러운 상태가 될 때까지 잘
　분쇄한다.

3　기름을 넣고 모든 재료가 잘 어우러질 때까지
　분쇄한다.

4　작은 냄비에 ③을 넣고 나무주걱으로 뒤섞으면서
　약불에서 가열한다.

5　걸쭉하게 농도가 생기기 시작하면 눌어붙지
　않도록 골고루 잘 젓는다.a

6　⑤를 철제 트레이에 옮겨 담고 b 식으면 뚜껑을
　덮어 냉장실에 넣는다.

단호박 푸딩

단호박이 가진 단맛을 오롯이 살린 하얀 쌀 푸딩의
응용 메뉴입니다. 끈끈하고 부드러운 단호박의
식감도 매력적으로 다가옵니다.

재료 철제 트레이 1개 분량
트레이 20.8 × 14.5 × 4.4cm

A
┌ 쌀(불린 것) 30g
│   (불리기 전 23g)
│ 두유(무조정) 400g
│ 단호박 100g
│ 메이플 시럽 80g
│ 럼 10g
│ 소금 1g
└ 한천 1g

기름 20g

만들기

1 단호박은 껍질을 벗겨 1cm 폭으로 자른다.

2 믹서 용기에 A재료를 모두 넣고 간다.

3 가는 중간중간에 여러 번 동작을 멈추고 용기 안쪽에
   튀어서 붙은 반죽을 고무주걱으로 긁어내려 잘 섞는다.
   매끄러운 상태가 될 때까지 잘 분쇄한다.

4 기름을 넣고 모든 재료가 잘 어우러질 때까지 분쇄한다.

5 작은 냄비에 ④를 넣고 나무 주걱으로 뒤섞으면서
   약불에서 가열한다.

6 걸쭉하게 농도가 생기기 시작하면 눌어붙지 않도록
   골고루 잘 젓는다.

7 ⑥을 철제 트레이에 옮겨 담고 식으면 뚜껑을 덮어
   냉장실에 넣는다.

초콜릿 무스

딸기 무스

레몬 무스

쌀 무스

두 가지의 과일 무스는 두유 요구르트를 넣어 산뜻하게, 초콜릿 무스는 럼을
넣어 성숙한 어른의 맛으로 완성했습니다. 심플한 쌀이 기본 재료이므로, 계절에
어울리는 여러 가지 과일을 넣어 다양한 종류의 무스를 만들 수 있습니다.

재료 철제 트레이 1개 분량
트레이 20.8 × 14.5 × 4.4cm

A
- 쌀(불린 것) 30g
  - (불리기 전 23g)
- 두유(무조정) 150g
- 딸기 150g
- 메이플 시럽 80g
- 레몬 10g
- 소금 1g
- 한천 1g

코코넛 오일 30g
두유 요거트 150g
딸기(장식용) 적당량

딸기 무스

만들기

1 믹서 용기에 A 재료를 모두 넣고 간다.

2 가는 중간중간에 여러 번 동작을 멈추고 용기 안쪽에 튀어서 붙은 반죽을 고무주걱으로 긁어내려 잘 섞는다. 매끄러운 상태가 될 때까지 잘 분쇄한다.

3 코코넛 오일을 넣고 모든 재료가 잘 어우러질 때까지 분쇄한다.

4 작은 냄비에 ③을 넣고 약불에 올려 나무주걱으로 뒤섞는다.

5 걸쭉하게 농도가 생기기 시작하면 눌어붙지 않도록 골고루 잘 젓는다.

6 불을 끄고 두유 요거트를 넣어 나무 주걱으로 잘 섞는다.

7 ⑥을 철제 트레이에 옮겨 담고 한 김 식으면 b 장식용 딸기를 올린다.

8 뚜껑을 덮어 냉장실에 넣어 차갑게 굳힌다.

레몬 무스

재료 철제 트레이 1개 분량
트레이 20.8 × 14.5 × 4.4cm

A
- 쌀(불린 것) 30g
  - (불리기 전 23g)
- 두유(무조정) 250g
- 메이플 시럽 100g
- 레몬 25g
- 소금 1g
- 한천 1g

코코넛 오일 30g
두유 요거트 200g
레몬 껍질 약간

만들기

1 딸기 무스 만드는 방법 ①~⑥번과 동일하게 만든다.

2 무스 반죽을 철제 트레이에 옮겨 담고, 한 김 식으면 레몬 껍질을 갈아 장식으로 흩뿌린다.

3 뚜껑을 덮어 냉장실에 넣어 차갑게 굳힌다.

초콜릿 무스

재료 철제 트레이 1개 분량
트레이 20.8 × 14.5 × 4.4cm

A
- 쌀(불린 것) 30g
  - (불리기 전 23g)
- 두유(무조정) 450g
- 메이플 시럽 100g
- 카카오 파우더 15g
- 럼 10g
- 소금 1g
- 한천 1g

코코넛 오일 30g

만들기

1 딸기 무스 만드는 방법 ①~⑤번과 동일하게 만든다.

2 무스 반죽을 철제 트레이에 옮겨 담고, 식으면 뚜껑을 덮어 냉장실에 넣어 차갑게 굳힌다.

┌ 쌀(불린 것) 40g
│   (불리기 전 31g)
│ 두유(무조정) 450g
A 메이플 시럽 100g
│ 소금 1g
└ 바닐라 빈 ⅓개

기름 30g

바닐라 아이스크림

a

만들기

1 믹서 용기에 A재료를 모두 넣고 간다.

2 가는 중간중간에 여러 번 동작을 멈추고 용기 안쪽에
튀어서 붙은 반죽을 고무주걱으로 긁어내려 잘 섞는다.
매끄러운 상태가 될 때까지 잘 분쇄한다.

3 기름을 넣고 모든 재료가 잘 어우러질 때까지 분쇄한다.

4 작은 냄비에 ③을 넣고 나무 주걱으로 뒤섞으면서
약불에서 가열한다.

5 걸쭉하게 농도가 생기기 시작하면 눌어붙지 않도록
골고루 잘 젓는다.

6 ⑤를 철제 트레이에 옮겨 담고, 식으면 뚜껑을 덮어
냉동실에 넣는다.

7 먹기 5~10분 정도 전에 상온에 꺼내어 푸드 프로세서에
넣고 갈아 부드럽게 만들어 먹는다.[a]

쌀 아이스크림

말차 아이스크림

쌀 반죽을 꽁꽁 얼려
아이스크림으로 만들었습니다.
유제품으로 만든 아이스크림보다
깔끔한 맛이 납니다.

재료 철제 트레이 1개 분량
트레이 20.8 × 14.5 × 4.4cm

A
- 쌀(불린 것) 40g
  (불리기 전 31g)
- 두유(무조정) 500g
- 메이플 시럽 100g
- 말차 10g
- 소금 1g
- 바닐라 빈 ⅓개

기름 30g

만들기

1 바닐라 아이스크림 만드는 방법 ①~⑦번과 동일하게
   만든다.

우리집의 이로저로2

쌀 시리즈를 완성하다!
그리고 첫 번째 요리책 출간!

갑작스러운 남편의 '채식 선언'으로부터 지금 실천하고 있는 식사에 대한 철학에 다다르기까지 다양한 분야를 공부해왔습니다.

제일 처음 배운 것은 현미채식을 축으로 하며, 환경과 신체는 밀접한 관계에 있다는 '신토불이(身土不二)'와 채소나 곡물의 뿌리부터 껍질까지 남김없이 모두 먹는 '일물전체(一物全体)' 사상을 기본으로 하는 마크로비오틱이었습니다.

그 다음은 밀가루 섭취를 제한하는 글루텐 프리에 대해서 공부했습니다. 비건과는 관계가 없을 것 같지만 밀가루의 섭취량이 큰 폭으로 줄어들면 몸 상태가 아주 좋아진다는 점에서 글루텐 프리는 효과가 있었습니다. 그리고 익히지 않은 날 것의 식물을 먹음으로써 효소와 비타민을 효율적으로 섭취하는 로푸드에 대한 공부로 나아갔습니다.

제 나름의 비건 스타일을 모색해가는 동안 되도록 가공하지 않은 식재료로 빵을 만들어보면 어떨까 하는 생각을 하게 되었고 그렇게 생 쌀로 만든 빵이 탄생하였습니다.

SNS에 "쌀빵 만들기에 성공하였습니다!"라고 게시하였더니 "어떻게 만들었나요?" "만드는 법을 알려주세요." 라는 댓글이 잔뜩 달렸습니다. 만드는 방법을 공개했더니 "더 자세하게 알고 싶어요." "요리교실에서 알려주실 수 없나요?"와 같은 요청이 들어와 '쌀빵 만들기 강좌'를 개최하였습

니다. 그러자 눈깜짝할 사이에 인기만점의 요리강좌가 되었습니다.

요리교실에는 많은 요리 연구가 선생님들도 와 주셨습니다. 선생님들은 저마다 다양한 방법으로 응원해 주셨고, 그렇게 생긴 인연으로 제 이름을 건 첫 번째 요리책도 출간하게 되었습니다.

그러다가 빵과 같은 제법으로 맛있는 디저트 종류도 만들 수 있지 않을까 하는 생각에 이르렀고 달콤한 맛이 나는 요리 레시피 개발을 바로 시작하였습니다.

달콤한 요리 레시피는 풍족한 느낌으로!

쌀로 만드는 달콤한 요리 레시피를 개발하며 고민한 것은 얼마나 풍족하게 만들까 하는 문제였습니다. 처음에는 쌀빵과 같은 느낌으로, 밥처럼 매일 먹어도 물리지 않는 소박한 느낌, 기름을 넣지 않고 감미료를 사용하지 않은 레시피였습니다.

하지만 단맛 나는 음식의 역할은 매일 먹는 식사와는 달라야 하지 않을까? 라는 생각을 하게 되었습니다. 우리가 먹는 음식을 일상식과 특별식으로 나누어 본다면 단맛 요리는 특별식의 역할을 해야 하지 않을까라고요.

어디까지나 기본이 되는 식사가 있고 그 외에 즐길 수 있는 기쁨을 주는 단 것들! 거기까지 생각이 미치자 기름과 감미료, 견과류 등을 제대로 넣어 만든 조금은 화려한 쌀 디저트 레시피가 탄생하게 되었습니다.

그리고 쌀 디저트는 아니지만 책 마지막에는 우리집에서 인기 있는 간식도 소개하고 싶어 냉장고에 항상 준비해두는 비건 스넥 레시피도 실었습니다. 꼭 활용해 보셨으면 좋겠습니다.

우리집 식탁에 늘 오르는 비건 스낵 9가지를 소개합니다.

달걀, 유제품, 설탕을 넣지 않으며 글루텐 프리 레시피입니다.

출출할 때 언제든 누구라도 안심하고 배고픔을 달랠 수 있는 간식 메뉴만 모아보았습니다.

Chapter 6

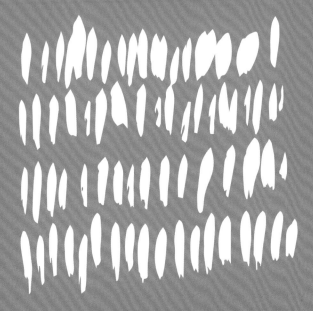

시야를 넓혀주는 시냅스

카카오 볼

말차 볼

시트러스 볼

에너지 볼

감미료와 기름을 넣지 않아 매일 먹어도 좋은 영양가 높은 간식입니다.
우리집 아이들은 이 에너지 볼에 신선한 과일을 곁들여 먹는 것을 좋아한답니다.

말차 볼

재료 약 10개 분량

캐슈넛 80g
대추야자 80g
말차 1작은술
소금 한 자밤

만들기

1 대추야자는 씨를 빼고 푸드
프로세서에 넣어 다진다.

2 ①에 나머지 재료를 모두 넣고 다시
다진다. 볼에 다진 재료를 부어 한입
크기로 동그랗게 빚어 모양을 만든다.

시트러스 볼

재료 약 10개 분량

캐슈넛 50g
코코넛 50g
대추야자 30g
소금 한 자밤
다진 레몬껍질 1개 분량

만들기

1 대추야자는 씨를 빼고 푸드
프로세서에 넣어 다진다.

2 ①에 나머지 재료를 모두 넣고 다시
다진다. 볼에 다진 재료를 부어 한입
크기로 동그랗게 빚어 모양을 만든다.

카카오 볼

재료 약 10개 분량

호두 70g
대추야자 70g
카카오매스 30g
소금 한 자밤

만들기

1 대추야자는 씨를 빼고 푸드
프로세서에 넣어 다진다. a

2 카카오매스와 소금을 넣고 다시 다져
재료가 모두 잘게 다져지면 호두를
넣고 b 원하는 굵기가 될 때까지
다진다. 용기에 다진 재료를 부어 한입
크기로 동그랗게 빚어 모양을 만든다. c

a

b

c

Point

푸드 프로세서에 넣고
다지는 정도에 따라 호두
입자를 굵게 하여
오독오독 씹게 하여도
좋고, 호두를 잘게 다져
초콜릿처럼 부드럽게
만들어도 좋다.

콩가루 볼

재료 약 10개 분량

콩가루 100g
물* 60g
메이플 시럽 30g
소금 1g

*단맛의 정도와 수분량은 기호에 따라 바꿀 수 있습니다. 물과 메이플 시럽의 양을 합쳤을 때 90g이 되면 적당합니다. 어린 아이들이 먹을 경우 수분량을 조금 늘려주면 먹기 수월합니다.

만들기

1 볼에 콩가루와 소금을 넣고 골고루 잘 섞는다.

2 물과 메이플 시럽을 넣고 모든 재료가 잘 어우러지도록 섞은 후 동그랗게 빚어 모양을 만든다.

우리집 둘째 아이가 특히 좋아해서 자주 만들어 준답니다. 콩가루와 메이플 시럽을 섞기만 하면 뚝딱 만들 수 있는 심플한 간식입니다.

재료 23 × 26cm 1개 분량

바나나 2개(약 200g)
오트 100g
말린 무화과 70g
호두 35g
호박씨 20g
해바라기씨 10g

* 견과류, 씨앗, 건과일의 종류와 양은 기호에
따라 바꿀 수 있습니다.

만들기

1 오븐을 180℃로 예열하고 오븐팬에 유산지를 깐다.

2 무화과와 호두는 사방 1cm 크기로 썬다.

3 볼에 바나나를 넣고 잘 으깬다.

4 ③의 바나나에 무화과, 호두, 나머지 재료를 모두 넣고 골고루
   섞는다.

5 유산지를 깐 오븐팬에 ④를 약 1cm 의 두께로 펼쳐 깐다.

6 180℃의 오븐에서 25~30분 동안 노릇하게 색이 날 때까지
   굽는다.

7 완전히 식으면 원하는 크기로 자른다.

오트 바

으깬 바나나에 건과일, 견과류, 오트를 듬뿍 넣고 반죽한 손쉬운 간식입니다.
글루텐 알레르기가 있는 분은 글루텐 프리 오트를 사용하여 만들어 보세요.

아마자케 셔벗

아마자케를 베이스로 만든 사각사각함이 살아있는 맛있는 셔벗. 사용하는 아마자케의 단맛에 따라 셔벗의 단맛과 농도가 달라지므로 좋아하는 제품으로 골라서 만들면 됩니다.

감귤 셔벗

재료 철제 트레이 1개 분량
트레이 20.8 × 14.5 × 4.4cm

쌀아마자케 100g
좋아하는 감귤류 100g

만들기

1 감귤은 껍질을 벗기고 씨를 빼고 4등분 한다.

2 믹서 용기에 재료를 모두 넣고 매끄러운 농도가 날 때까지 간다.

3 ②를 철제 트레이에 옮겨 담고 뚜껑을 덮어 냉동실에 넣어 얼린다.

4 먹기 5~10분 전에 상온에 꺼내어 큼직한 스푼으로 골고루 긁어 섞는다. 또는 푸드 프로세서에 넣고 갈아 부드럽게 만들어 먹는다.

재료 철제 트레이 1개 분량
트레이 20.8 × 14.5 × 4.4cm

팥(건조) 60g
아마자케* 400g
소금 한 자밤
뜨거운 물 360g

* 소금이 첨가된 아마자케를 사용할 경우 따로
소금을 넣지 않아도 됩니다.

만들기

밑준비 깨끗하게 씻은 팥을 보온병에 넣고 뜨거운 물을 붓는다.
그대로 하룻밤 동안 둔다.

1 믹서 용기에 물기를 뺀 팥, 쌀누룩, 소금을 넣고 매끄러운
   농도가 날 때까지 간다.

2 ①을 철제 트레이에 옮겨 담고 뚜껑을 덮어 냉동실에 넣는다.

3 먹기 5~10분 전에 상온에 꺼내어 큼직한 스푼으로 골고루
   긁어 섞는다. 또는 푸드 프로세서에 넣고 갈아 부드럽게
   만들어 먹는다.

아마자케 팥 셔벗

과일 콩포트 젤리

과일 콩포트를 한천으로 굳힌 디저트입니다. 콩포트의 시럽도 버리지 않고 모두
먹을 수 있도록 한천을 넣어 젤리로 만들었습니다.

동과(동아) 콩포트 젤리

재료 철제 트레이 1개 분량
트레이 20.8 × 14.5 × 4.4cm

동과(동아) 400g(껍질, 씨 등 제거하기
전 약 800g)
민트 잎(장식용) 적당량

A
  화이트 와인 200g
  메이플 시럽 60g
  레몬즙 25g
  한천 2g

만들기

1 동과는 꼭지와 씨 부분을 모두 제거하고 껍질을 벗겨
  1cm 두께로 자른다.[a]

2 작은 냄비에 동과와 A를 넣고 유산지로 만든 속뚜껑을
  덮어 중불에서 익힌다.[b]

3 끓으면 약불로 줄여 5분간 가열한다.

4 ③을 철제 트레이에 옮겨 담고[c] 한 김 식힌다. 냉장실에
  넣어 차갑게 굳힌다.

5 먹기 전에 민트 잎으로 장식한다.

a ― b ― c

사과 콩포트 젤리

재료 철제 트레이 1개 분량
트레이 20.8 × 14.5 × 4.4cm

A
  화이트 와인 200g
  메이플 시럽 30g
  레몬즙 20g
  시나몬 스틱 1개
  한천 2g

만들기

1 사과는 길이로 4등분하고 2cm 두께로 모양 살려 썬다.

2 작은 냄비에 사과와 A를 넣고 유산지로 만든 뚜껑을
  덮어 중불에서 익힌다.

3 끓으면 약불로 줄여 5분간 가열한다.

4 ③을 철제 트레이에 옮겨 담고 한 김 식힌다. 냉장실에
  넣어 차갑게 굳힌다.

쌀 디저트와 비건 라이프

이 책에 소개된 쌀로 만든 단맛 요리는 제가 비건이 되고 난 후 갖은 노력과 우여곡절 끝에 마침내 완성한 레시피입니다.

이 책을 계기로 비거니즘이라는 사상과 라이프 스타일을 처음 접하게 되어 조금이라도 흥미를 가지게 되는 독자분들이 늘어난다면 기쁘겠습니다.

제가 이 책의 레시피를 만들어 갈 때 항상 마음에 새겼던 것은 '맛있으니까 한번 만들어보자!'라고 다른 이들도 마음먹을 수 있게 하는 것이었습니다.

그리고 소중한 이에게 만들어주고 싶다고 생각할 수 있게끔 몸에 좋은 음식으로 완성하는 것이었습니다. 그래서 재료를 선택할 때 무척 깐깐할 수밖에 없었습니다.

재료 중에서도 가장 중요한 것은 바로 '쌀'입니다. 레시피를 개발할 때에도, 제가 만든 여러 달콤한 것들을 먹으며 모두가 기뻐해줄 때에도, 쌀을 키우고 수확하는 농가에 대한 감사가 마음속에 흘러 넘쳐납니다. 언제나 안심하고 맛있게 먹을 수 있는 쌀이 있기에, 정성을 담아 쌀을 키우고 거두는 농가가 있기 때문에 이 모든 쌀 디저트 레시피가 태어날 수 있었습니다.

우리가 할 수 있는 일은 이런 환경을 지키고 계속해서 쌀을 먹는 것이겠지요. 이런 감사와 기원의 마음을 담아 계속해서 쌀로 무언가를 만들어야겠다고 다짐합니다. 또, 주방 한 켠에서 만들어진 작은 시작품(試作品)들이 이처럼 한 권의 책이 되어 나올 수 있었던 것은 입소문이 퍼지도록 도와주신 수강생 여러분들의 덕입니다. 진심으로 감사드립니다.

이 책이 독자 여러분의 소중한 휴식시간이나 특별한 날에 도움을 주는 한 권이 될 수 있다면 그보다 더 감사한 일은 없을 것입니다. 수많은 선택지 중에서 이 책을 골라주신 여러분에게 온 마음을 담아 감사의 말씀을 전합니다.

리토 시오리

리토 시오리

비건 요리연구가. 'Shiori's Vegan Pantry' 대표

쌀빵, 쌀 디저트 개발자. 대학 졸업 후 현 에콜 츠지 도쿄 츠지 일본 요리 마스터 컬리지에서
공부했다. 그후 음식점, 양과자점 등에서 근무하였다. 출산 후 남편에게 비건 라이프를
제안받고 마크로비오틱, 쌀가루, 글루텐 프리, 로푸드 등을 공부하던 중 쌀로 빵을 만드는
'쌀빵'의 개발에 성공한다. 이후 '쌀 빵', '쌀 디저트' 등 '쌀 시리즈'의 요리교실을 개최하여
언제나 예약이 꽉 찰 정도로 큰 인기를 모으고 있다.
저서로 '처음 만드는 쌀 빵(한국어판 '생 쌀로 굽는 빵')' '매일 먹고 싶은 쌀 빵' 등이 있다.

인스타그램 @shioris_vegan_pantry
트위터 @shiorileto

밀가루나 쌀가루는 쓰지 않는다!
집에서 만드는 건강하고 달콤한 비건 간식

생 쌀로 만드는 디저트

펴낸 날 초판 1 쇄 2024 년 11 월 30 일

지은이 리토 시오리 | **옮긴이** 백현숙 | **펴낸이** 김민경

디자인 임재경 (another design) | **인쇄** 도담프린팅 | **종이** 디앤케이페이퍼 | **물류** 해피데이

펴낸곳 팬앤펜 (pan.n.pen) | **출판등록** 제 307-2017-17 호
전화 031-939-0582 | **팩스** 02-6442-2449 | **이메일** panpenpub@gmail.com
블로그 blog.naver.com/pan-pen | **인스타그램** @pan_n_pen

ISBN 979-11-91739-17-6(13590) 값 15,000 원

KOMUGIKO WO TSUKAWANAI MOCHI FUWA NAMAGOME SWEETS © Leto Shiori 2021
Korean translation rights arranged with IE-NO-HIKARI ASSOCIATION
through Japan UNI Agency, Inc., Tokyo

쌀을 빵으로 변신시키는 마법의 레시피!
밀가루도 아닌, 쌀가루도 아닌
〈생 쌀로 굽는 빵〉

생 쌀 빵의 장점!

◆ 내가 고른 쌀을 사용해 믿을 수 있는 재료다.

◆ 산화되지 않은 가루, 쌀의 영양을 그대로 섭취한다.

◆ 반죽하지 않고 재료를 갈고 섞어서 만든다.

◆ 밀가루, 달걀, 유제품을 사용하지 않는다.

◆ 다음날 먹어도 여전히 맛있다.

쌀 빵은 간단해요!

재료 준비
재료를 갖추고 계량합니다. 믹서 용기를 저울 위에 놓고 무게를 재면서 재료를 더해 주면 간단하지요.

믹서기로 갈기
재료를 믹서 용기에 넣었으면 믹서기를 작동시켜 재료를 갈고 섞어요.

발효하기
틀에 넣은 빵 반죽을 효모의 힘으로 발효시킵니다. 굽기까지 발효는 딱 한번만 합니다.

굽기
예열한 오븐에 반죽을 넣고 굽습니다. 빵이 부풀고, 노릇노릇한 색이 맛있게 돌면 완성!